Praktische Anleitung

zur Herstellung einfacher

Gebäude-Blitzableiter

von

F. Findeisen,

Oberbaurat im K. württembergischen Ministerium des Innern,
Abteilung für das Hochbauwesen in Stuttgart.

Mit einer Einleitung
von Dr. Leonhard Weber, ord. Professor a. d. Universität Kiel.

Zweite Auflage.

Mit 202 Textfiguren und 5 Figurentafeln.

Berlin.
Verlag von Julius Springer.
1907.

ISBN-13: 978-3-642-98692-5 e-ISBN-13: 978-3-642-99507-1
DOI: 10.1007/978-3-642-99507-1
Reprint of the original edition 1907

Vorwort.

Die neueren Anschauungen über die zweckmäßigste Anordnung der Gebäude-Blitzableiter sind in den im Jahre 1901 vom Elektrotechnischen Verein in Berlin aufgestellten und vom Verbande Deutscher Elektrotechniker in seiner IX. Jahresversammlung in Dresden am 28. Juni 1901 einstimmig angenommenen Leitsätzen über den Schutz der Gebäude gegen den Blitz kurz zusammengestellt.[1])

An der Spitze dieser Leitsätze steht die Forderung, daß die Anwendung des Blitzableiters in immer weiterem Umfang durch Vereinfachung seiner Einrichtung und Verringerung seiner Kosten zu fördern sei. Über die Mittel hierzu und die technischen Einzelheiten sprechen sich die Leitsätze nicht näher aus; die Wahl derselben sollte vorläufig dem sachverständigen Ermessen der Techniker überlassen und zunächst nur eine sichere Grundlage geschaffen werden für die weitere Entwickelung des Blitzableiterbaues. Um aber denjenigen, welche sich mit der Ausführung von Blitzableitern befassen wollen, die erwünschten weiteren Anhaltspunkte zu geben, wurde in einer Schlußanmerkung zu jenen Leitsätzen auf die praktischen Anleitungen verwiesen, welche in dem von dem Verfasser herausgegebenen Buche: „Ratschläge über den Blitzschutz der Gebäude" (Berlin, J. Springer) enthalten sind. Diese Anleitungen sind jedoch vermengt mit einer Reihe umständlicher Beweisführungen und Begründungen, welche den praktischen Gebrauch des Buches als Anleitung zur Herstellung von Blitzableitern beeinträchtigen. Es ist deshalb die gegenwärtige neue Anleitung entstanden, in welche nur das aufgenommen wurde, was für die Architekten und Hochbautechniker und insbesondere für die Verfertiger von Blitzableitern von Bedeutung ist. In dieser Beziehung haben aber Text und Figuren gegenüber der früheren Schrift eine durchgreifende Verbesserung und Erweiterung erfahren.

---

[1]) Siehe Anhang S. 117—119 und Elektrotechn. Zeitschr. 1901, Nr. 18 u. 37.

Ich habe mein Augenmerk hauptsächlich darauf gerichtet, die Ausführung von Blitzableitern im Sinne der Leitsätze des Elektrotechnischen Vereins möglichst zu vereinfachen und zu erleichtern, damit jeder tüchtige Klempner (Flaschner) oder Schlosser in den Stand gesetzt wird, mit Hilfe dieser Anleitung wirksame Blitzableiter herzustellen, und damit insbesondere auch den Besitzern landwirtschaftlicher Gebäude, welche nach der Blitzstatistik am meisten unter den Folgen der Blitzschläge zu leiden haben, ermöglicht wird, mit geringen Kosten sich gegen Blitzschaden zu schützen. Leider fehlt es gerade in diesen Kreisen vielfach noch an dem nötigen Vertrauen zu dem Schutz, welchen die den neueren Anschauungen entsprechenden billigeren Blitzableiter bei Verwertung der an den Gebäuden vorhandenen Metallteile als Blitzleitungen gewähren; da andererseits die Blitzableiter älterer Systeme dem Landmann zu teuer sind, bleiben die ländlichen Gebäude mit geringen Ausnahmen leider ungeschützt, obwohl gerade sie eines Blitzschutzes am meisten bedürfen. Wegen des nicht unerheblichen Schadens, welcher dem Volksvermögen jährlich durch Blitzschlag zugefügt wird, sowie auch wegen der Gefährdung von Menschenleben erscheint es daher begründet, daß Behörden und Feuerversicherungsanstalten, welche an der Erhaltung der Gebäude und ihres Inhaltes ein besonderes Interesse haben, jene Hindernisse zu beseitigen suchen, indem sie mit der Beachtung und Verbreitung der durch die Autorität des Elektrischen Vereins und des Verbandes Deutscher Elektrotechniker getragenen Leitsätze und der auf Grund dieser Leitsätze gegebenen weiteren Anleitungen zur Vereinfachung und Verbilligung der Gebäudeblitzableiter vorangehen, wie dies an manchen Orten bereits geschehen ist.

Besonders wertvolle Anhaltspunkte für die zweckmäßigste Konstruktion der Blitzableiter haben die auf Veranlassung des Vorstandes des Verwaltungsrates der Württembergischen Gebäudebrandversicherungsanstalt, des Herrn Staatsrats von Bockshammer, seit 1896 vorgenommenen Untersuchungen über die Wirkungen von Blitzschlägen in Gebäude aller Art in Württemberg geliefert. Für meine im Jahr 1898 verfaßte Schrift über den Blitzschutz der Gebäude standen mir von jenen Untersuchungen die Berichte über die Wirkungen von 273 Blitzschlägen zur Verfügung. Der gegenwärtigen Schrift liegt das Studium der inzwischen auf die Zahl von 1650 angewachsenen Blitzschlagbeschreibungen zugrunde. Durch dieses weitere Material haben sich die früher von mir gezogenen und in den Leitsätzen des Elektrotechnischen Vereins verwerteten Schlüsse als richtig erwiesen. Die gemachten weiteren Erfahrungen ermöglichten aber, mit größerer Sicherheit eine ausführliche Anleitung über die Herstellung der technischen Einzelheiten von Blitzableitern zu geben.

Bei der Bearbeitung dieser Schrift wurde ich in dankenswerter Weise von einer Reihe tüchtiger Praktiker im Blitzableiterbau unterstützt. Besonderen Dank aber schulde ich der bekannten Autorität auf dem Gebiete des Blitzschutzes, Herrn Dr. Leonh. Weber, Professor der Physik an der Universität Kiel, welcher nicht bloß das zum besseren Verständnis der Anleitungen wichtige Kapitel über die bei Blitzschlägen in Betracht kommenden elektrischen Erscheinungen und Wirkungen verfaßte, sondern auch das ganze Manuskript vor der Drucklegung einer Durchsicht und Verbesserung unterzog. Das zur allgemeinen Orientierung über die Blitzschutzvorrichtungen elektrischer Schwach- und Starkstromanlagen aufgenommene VII. Kapitel wurde außerdem von dem Oberingenieur der Allgemeinen Elektrizitäts-Aktiengesellschaft in Berlin, Herrn Dr. G. Benischke, geprüft. Sollten doch noch einzelne Mängel bestehen, so bin ich jedem dankbar, der mich hierauf aufmerksam macht und mir Gelegenheit zu späteren Verbesserungen gibt.

Stuttgart, im Juni 1906.

F. Findeisen.

Vorwort zur zweiten Auflage.

Ebenso wie mein früheres Werk: „Ratschläge über den Blitzschutz der Gebäude", so hat auch die im Jahr 1906 erschienene kürzere Anleitung zur Herstellung einfacher Gebäudeblitzableiter die volle Zustimmung der Fachkreise und allseits insbesondere auch bei den Baubehörden und Architekten erfreulichen Anklang gefunden, so daß schon nach Jahresfrist eine zweite Auflage erforderlich wurde.

Da die Ausführung von Blitzableitern nach meinen Vereinfachungsvorschlägen gegenüber den früheren komplizierteren Konstruktionen wesentlich erleichtert worden ist, werden nun die Gebäude in viel größerer Anzahl als seither gegen den Blitz geschützt. Leider halten aber manche Blitzableiterfabrikanten noch zu sehr an veralteten, unzweckmäßigen und unnötig teueren Ausführungsweisen fest, oder es werden von ungeübten Handwerkern Blitzableiter angeblich nach meinen Vorschlägen ausgeführt, welche denselben jedoch nicht oder nur wenig entsprechen. Namentlich wird den Erdleitungen nicht immer die gebührende Beachtung geschenkt Es empfiehlt sich deshalb, daß sich die Baubeamten, Architekten, Bautechniker und womöglich auch die Gebäudebesitzer selbst mit den wichtigsten Erfordernissen guter Blitzableiter bekannt machen, damit sie die Ausführung und Unterhaltung derselben richtig anordnen und überwachen können. Die vorliegende kurze Schrift wird ihnen hierzu sichere Anhaltspunkte bieten.

Ein Bedürfnis zu einer Verbesserung der Anleitung hat sich innerhalb der kurzen Zeit seit dem Erscheinen der ersten Auflage nicht gezeigt und ist auch von keiner Seite geltend gemacht worden. Es haben sich vielmehr die nach den gegebenen Anleitungen ausgeführten Blitzableiter bereits bei einigen Blitzschlägen gut bewährt. Ein Kapitel über die Kosten der Blitzableiter glaubte ich wegen des großen zeitlichen Wechsels und der örtlichen Verschiedenheiten auch in die neue Auflage nicht aufnehmen zu sollen. Wer jedoch Näheres hierüber zu erfahren wünscht, kann auf mein früheres größeres Werk: „Ratschläge über den Blitzschutz der Gebäude. Berlin. J. Springer, und auf die Schrift: „Vereinfachte Blitzableiter" von Professor Sigwart Ruppel, Berlin. J. Springer, verwiesen werden.

Mögen nun die gegebenen Anleitungen, die sich als eine zweckmäßige Ergänzung der vom Elektrotechnischen Verein in Berlin aufgestellten und vom Verbande deutscher Elektrotechniker angenommenen Leitsätze über den Schutz der Gebäude gegen den Blitz erwiesen haben, in immer weitere Kreise dringen und zu zahlreicher Ausführung wirksamer Blitzableiter und damit zur Verminderung der Blitzgefahren beitragen.

Stuttgart, im Oktober 1907.

F. Findeisen.

Inhaltsverzeichnis.

Anhang:

I. Einleitung.

Von Professor Dr. Leonh. Weber.

Elektrische Grundbegriffe.

Zur möglichst einfachen und zugleich möglichst vollständigen Beschreibung der elektrischen Vorgänge bedient man sich der Vorstellung von zwei Elektrizitätsarten, der positiven oder Glas-Elektrizität und der negativen oder Harz-Elektrizität.[1])

Man denkt sich diese Elektrizitäten als gewichtslose Stoffe, welche den gewöhnlichen Körpern im Innern oder an deren Oberfläche anhaften und einige derselben, wie z. B. die Metalle, mit Leichtigkeit durchdringen können. Die Elektrizitäten sind jeder beliebigen Verdünnung oder Verdichtung fähig und besitzen die Eigenschaft, abstoßende Kräfte auf gleichnamige, anziehende auf ungleichnamige Elektrizitäten und deren körperliche Träger auszuüben.

Jeder Körper enthält im gewöhnlichen, sogenannten unelektrischen Zustand beide Elektrizitäten in gleicher und praktisch unbegrenzter Menge.

Werden die Elektrizitäten durch irgend welche Mittel getrennt und sammeln sie sich auf verschiedenen Körpern oder auf verschiedenen Teilen eines und desselben Körpers getrennt an, so ist dies eine elektrische Ladung.

---

[1]) Diese Annahme zweier entgegengesetzten Elektrizitäten soll keine prinzipielle Stellungnahme zugunsten der dualistischen Auffassung gegenüber der unitarischen ausdrücken, sondern nur der vorherrschenden und bequemeren Ausdrucksweise sich anschließen, damit diejenigen Leser, welche keine physikalischen Fachkenntnisse besitzen, in das für den vorliegenden Zweck besonders Wissenswerte leicht und rasch eingeführt werden. Aus demselben Grunde ist auch davon abgesehen worden, hier die Ausdrucksweise der neueren, auf der Grundlage der Jonen- und Elektronen-Theorie so erfolgreich begonnenen Forschungen einzuführen. Denn so bedeutungsvoll diese auch für unsere Ansichten über das Wesen der Elektrizität und die Konstitution der Materie sind, so haben sie doch noch nicht diejenige Einfachheit und Sicherheit der grundlegenden Hypothesen gewonnen, welche für eine allgemein verständliche Darstellung nötig ist. Mancherlei Mißverständnisse würden zu befürchten gewesen sein, während andererseits die vorliegende Darstellung so getroffen ist, daß sie in keiner Weise den neueren Forschungen vorgreift oder sich mit ihnen im Widerspruch befindet.

Der Elektrizität gegenüber verhalten sich die gewöhnlichen Körper sehr verschieden. Metalle gestatten ihr einen äußerst leichten, Glas, Harz, Luft usw. fast gar keinen Durchgang. Die ersteren Körper nennt man **Leiter**, die letzteren **Nichtleiter** der Elektrizität. Zwischen diesen Leitern und Nichtleitern reihen sich alle anderen Körper mit mehr oder weniger Leitfähigkeit ein (Halbleiter).

Wird einem Metallkörper positive oder negative Elektrizität zugeführt, so verbreitet sie sich augenblicklich durch denselben, und da sich die einzelnen Elektrizitätsteilchen durch ihre Abstoßung möglichst weit voneinander zu entfernen suchen, so sammelt sich die Ladung ausschließlich auf der Oberfläche und besonders an den vorspringenden Stellen derselben.

Ein geladener Körper übt auf seine einzelnen Teile **abstoßende Kräfte** aus, welche bei sehr starken plötzlichen Ladungen zu Zersplitterungen und Zerstäubungen und überhaupt zu bedeutenden mechanischen Wirkungen führen können.

Ein solcher Körper wirkt auf benachbarte Körper derart, daß durch sogenannte **Influenz** eine Trennung der Elektrizitäten entsteht. Von diesen sammelt sich die ungleichnamige auf der Seite des influenzierenden Körpers, die gleichnamige auf der entgegengesetzten Seite an.

Die bei der Influenz abgestoßene Elektrizität fließt ab z. B. zur Erde, soweit ihr ein leitender Weg dazu geboten wird, die angezogene Elektrizität ist nicht ableitbar (gebunden). Sie wird „frei", wenn der influenzierende Körper verschwindet.

Die Kraft, mit welcher sich die Elektrizitätsteilchen eines geladenen Körpers abstoßen, führt zu einem senkrecht gegen die Oberfläche nach außen zu gerichteten Druck, welchen man die **Spannung** nennt. Diese Spannung kann bei vermehrter Ladung so groß werden, daß ein Herausdrängen der Elektrizität in die umgebende Luft stattfindet. An Vorsprüngen und Spitzen ist die Spannung am größten.

Stehen sich zwei entgegengesetzt geladene Körper gegenüber, so wird die Spannung auf den zugewandten Stellen vermehrt und die Teilchen der dazwischen liegenden Luft werden gleichfalls durch Influenz in einen Spannungszustand versetzt.

Die Vereinigung der entgegengesetzten Elektrizitäten wird **Entladung** genannt. Sie kann in äußerst langsamer Weise dadurch erfolgen, daß die dazwischen liegende Luft ein wenn auch geringes Maß von Leitfähigkeit[1]) bekommt.

Die Entladung kann aber auch eine äußerst schnelle und heftige werden und dies ist der für Blitzschläge allein in Betracht kommende Fall. Sie wird es, wenn die Spannung der gegenüberstehenden entgegengesetzt geladenen Körper, und wenn zugleich die Spannung der dazwischen liegenden Luftteilchen auf der ganzen Strecke eine bestimmte

---

[1]) Wie diese Leitfähigkeit auch durch die sogenannte Jonisierung der Luft erklärt werden kann, bleibe hier unerörtert. Vgl. die Anmerkung S. 1.

Grenze erreicht. Ist diese Strecke eine beträchtliche, z. B. zwischen den Wolken und der Erde, so wird die Grenzspannung der zwischenliegenden Luft nicht schon durch vereinzelte stärkere Dichtigkeiten auf Spitzen oder einzelnen Wassertropfen hervorgerufen, sondern es ist hierzu eine der Entfernung angemessene große Ladungsmenge, also die Anhäufung bedeutender Elektrizitätsmengen auf ausgedehnten Flächen erforderlich. Die nun eintretende plötzliche Entladung,

der Blitz,

beginnt damit, daß zwischen zwei einander zunächst gelegenen Punkten der Wolke und Erde, wo die Spannung und Dichtigkeit der Elektrizität am größten ist, ein Kanal durch die Luft gebrochen wird. Die dabei auftretende lebhafte Licht- und Wärmewirkung macht diesen Kanal zu einem guten Leiter, auf dem sich nun auch sofort die entfernteren Elektrizitätsmengen unter weiterer Vermehrung des Lichtes und der Wärme ausgleichen.

Die Zeitdauer einer solchen plötzlichen Entladung übersteigt selten eine Sekunde. Jedoch ist sie innerhalb dieser Grenze außerordentlich verschieden und kann sich auf etwa den 100000. Teil einer Sekunde zusammenziehen.

Genauere Untersuchungen des zeitlichen Verlaufes der Blitze zeigen häufig abwechselndes Anschwellen und Erlöschen des Lichtes, woraus ein stoßweises Vortreiben des Kanals von einer Seite aus, und ein ebensolches Zuströmen der Elektrizität aus entfernteren Wolkenteilen zu dem einmal gebildeten Kanal zu schließen ist.

Blitzeinschlagstelle.

Steht eine Wolke, welche auf irgend eine Weise mit positiver oder negativer Elektrizität geladen ist, am Himmel, so wird nach dem Gesagten unter ihr an der Erdoberfläche durch Influenz die entgegengesetzte Elektrizität angesammelt. Die höchst gelegenen Teile der Erdoberfläche, also bei Gebäuden die Dächer, und insbesondere alle hochgelegenen Stellen starker Krümmung, wie Turm- und Giebelspitzen, Firstkanten, hochgelegene Schornsteinköpfe erreichen die höchsten Spannungen. Hier ist daher die Durchbrechung der Luft am leichtesten und diese Stellen bezeichnen im allgemeinen die Einschlagstelle des Blitzes. Im besondern ist zu beachten, daß große hochgelegene Flächen, z. B. Metallkuppeln, wegen der großen, sich auf ihnen anhäufenden Elektrizitätsmenge ebenso stark oder stärker den Blitz auf sich ziehen können, als eine in der Nachbarschaft vorhandene und sie überragende vereinzelte Spitze (z. B. Schornstein mit Blitzableiter), weil bei letzterer zwar die Spannung eine größere ist, aber die kleinere auf ihr angesammelte Gesamt-Elektrizitätsmenge nicht auf weitere Entfernungen wirkt.

Auch die Schnelligkeit, mit der eine Wolke sich lädt oder heranzieht, kann von Einfluß auf die Einschlagstelle sein. Entsteht die Wolkenladung plötzlich, wie dies durch unmittelbar vorausgehende Blitze zwischen Wolken möglich ist, so haben nur die gut leitenden metallenen Gegenstände an der Erde Zeit genug, sich durch Influenz zu laden. Im Falle einer allmählichen Wolkenladung sammelt sich aber auch auf schlechten Leitern, wie Mauern, Strohdächern usw., so viel Elektrizität an, um den Blitz hierher zu ziehen, sofern nicht metallische Leiter in der Nähe sind und überwiegenden Einfluß gewinnen.

Blitzweg.

Im allgemeinen sucht sich die Elektrizität von der Einschlagstelle aus nach allen Richtungen auszubreiten und zu verzweigen. Bevorzugt werden aber diejenigen Wege, auf welchen sich gute und großflächige Leiter befinden.

Diese Bevorzugung ist entsprechend dem großen Unterschiede der Leitfähigkeiten eine so bedeutende, daß ein oder mehrere zusammenhängende metallische Wege fast allein den elektrischen Ausgleich bewirken und alle benachbarten, weniger gut leitenden Gegenstände unbeteiligt oder unbeschädigt bleiben.

Aber auch schon vereinzelte, in schlechte Leiter eingebettete gute Leiter, wie eiserne Anker, Gipserdrähte, Metallgegenstände jeder Art, selbst vergoldete oder bronzierte Bilderrahmen und einzelne in den Wänden steckende Nägel, ferner feuchte Stellen der Wände, feuchter und besonders verjauchter Stallfußboden, Körper von Menschen und Tieren wirken bestimmend auf den Entladungsweg. Der Blitz springt von einem guten Leiter auf den nächst benachbarten über und sucht sich denjenigen Weg zur Erde, welcher möglichst gut leitend und zugleich möglichst kurz ist.

Die genauere Abwägung, welcher von zwei Wegen der besser leitende ist, erfolgt keineswegs nach den für andauernde (stationäre) elektrische Ströme geltenden Gesetzen des Widerstandes. So können z. B. bronzierte Leisten mit großer Fläche den Blitz weit energischer auf sich lenken, als ein daneben liegender dünner Kupferdraht, obwohl dessen Leitfähigkeit — im gewöhnlichen Sinne verstanden — eine hundertfach größere ist. Eine kurze Luftstrecke von einigen Zentimetern, deren gewöhnlicher Widerstand fast unendlich groß ist, wird vom Blitz lieber übersprungen, als daß derselbe einen großen Umweg auf bestleitenden Körpern macht (Faraday'scher Ω-Versuch).

Diese und ähnliche sehr zu beachtenden Abweichungen von den Verzweigungsgesetzen stationärer Ströme erklären sich einerseits aus der **Flächenwirkung**, andererseits aus der sogenannten **Selbstinduktion**.

Die erstere ist so zu verstehen, daß, wenn ein großflächiger Körper auf den in Betracht kommenden Wegen des Blitzes liegt, sich auf ihm unmittelbar vor Beginn der plötzlichen Entladung eine größere Menge von Elektrizität durch Influenz ansammelt, welche nun ebenso wie die großen vorher genannten Dachflächen den Blitz auf sich ziehen.

Unter der Selbstinduktion ist diejenige Kraft zu verstehen, welche bei plötzlicher Entwicklung eines Stromes schwächend demselben entgegenwirkt und zwar um so mehr schwächend, je schneller das Anwachsen des Stromes erfolgte. Treten daher in einem guten Leiter, z. B. einem Kupferdraht, plötzliche Entladungen auf, so erfährt der elektrische Leitungswiderstand desselben eine scheinbare Vermehrung, welche so lange anhält, als die Stromstärke noch im Steigen begriffen ist, und es äußert sich dieser Einfluß genau so, als wenn eine Stauung der ab- und zufließenden Elektrizitätsmengen bewirkt würde. Bei spiralförmig gewundenen oder bei spitzwinklig gekrümmten Drähten erreicht diese Selbstinduktion so große Werte, daß dieselben für den Blitz fast unpassierbar werden. Aber auch schon bei Leitern, die um scharfe Ecken geführt sind oder die geringere Krümmungen besitzen, kann die Stauung so groß werden, daß der Blitz abspringt, d. h. irgend einen sonstigen kürzeren Weg selbst durch schlechte Leiter hindurch einschlägt. Die Selbstinduktion drängt zugleich den ganzen Entladungsstrom an die Oberfläche der Leiter, so daß das Innere des Leitungsquerschnitts mehr oder weniger frei von Elektrizität bleibt.

Blitzwirkungen.

A. In Metallen.

Soweit zusammenhängende Metalle von genügender Stärke den Blitz fortleiten, beschränkt sich die Einwirkung auf eine momentane Erwärmung, höchstens auf geringfügige Schmelzungen an der Eintritts- und Austrittsstelle und beim Eisen auf eine unter Umständen eintretende Magnetisierung.

Je besser die Leitfähigkeit der Metalle, je größer ihr Querschnitt und ihre Oberfläche, je höher ihr Schmelzpunkt liegt, und je größer ihre spezifische Wärme ist, um so weniger sind sie einer Veränderung durch den Blitz ausgesetzt. Formelmäßig läßt sich der gleichzeitige Einfluß dieser Eigenschaften auf die Güte einer Metalleitung für die Zwecke der Blitzableitung deswegen überhaupt nicht zur Darstellung bringen, weil dieselben je nach der Kürze der Zeit, in welcher der Blitz verläuft, in sehr wechselnden Verhältnissen in Betracht kommen. Nur bei sehr langsamen, dem stationären Strom gleichzuachtenden Entladungen trifft es zu, daß die Form des Querschnittes, also die davon abhängige Oberflächengröße gleichgültig ist, daß die erzeugte Wärme dem Leitungswiderstande proportional ist und daß sich hieraus unter Berücksichtigung des Schmelzpunktes, der spezifischen Wärme und der durch den Querschnitt gegebenen Masse berechnen läßt, wie man die Querschnitte verschiedener Metalle, z. B. des Kupfers und des Eisens, zu wählen hätte, um beide in gleicher Weise vor der Schmelzung durch Blitz zu schützen. In dem Maße aber, in welchem die Entladung eine schnellere wird, tritt der günstige Einfluß einer großen Oberfläche mehr und mehr hervor, und die durch Erhitzung zu befürchtende Gefahr tritt zurück gegen die zerreißende mechanische Kraft, welche momentane starke elektrische Ladungen entwickeln. Wiederholte Beobachtungen von Zerreißungen und Verbiegungen von Kupferleitungen, deren Leitfähigkeit derjenigen sehr starker durch den Blitz unangreifbarer Eisenleitungen früher gleichgesetzt wurde, haben zu der Erkenntnis geführt, daß die den Zerreißungen weniger widerstehenden Kupferleitungen trotz ihrer sechsmal besseren galvanischen Leitfähigkeit doch erst dann als den Blitzschäden ebenso widerstehend zu erachten sind, wenn ihr Querschnitt mindestens die Hälfte desjenigen einer eisernen Leitung beträgt. Daß auch stärkere Metallmassen an der Ein- oder Austrittstelle des Blitzes geringe Schmelzspuren aufweisen, erklärt sich durch eine hier entstandene Stauung im Abflusse der Elektrizität. Auch wenn Metallplatten lose aufeinanderliegen oder Blechröhren nur leicht ineinandergeschoben sind, oder bei den Gliedern einer Kette, treten an den Überschlagstellen des Blitzes von einem Stück auf das andere Schmelzwirkungen, Löcherbildung und Feuererscheinungen aus demselben Grunde ein.

Die magnetisierende Wirkung des Blitzes auf die von ihm durchflossenen Eisenteile kann z. B. Uhrräder, Maschinenteile, Sägeblätter u. dgl. unbrauchbar machen, im übrigen hat sie nur insoweit ein praktisches Interesse, als sich hieraus mitunter und mit gehörig umsichtiger Überlegung bei nachträglichen Untersuchungen Schlüsse auf den vom Blitz etwa eingeschlagenen Weg ziehen lassen.

B. Blitzwirkungen in schlechten Leitern.

Da, wo der Blitz sich seine Bahn durch schlechte Leiter bricht, finden um so stärkere Zerreißungen und Erhitzungen statt, je geringer die Leitfähigkeit ist.

Für lebende Wesen, die in den Weg des Blitzes gelangen, können schnelle Entladungen durch plötzliche Erregung des Nervensystems tödlich werden, sie können aber auch einen gewissen Grad der Ungefährlichkeit dadurch erhalten, daß sie vorzugsweise nur an der Körperoberfläche entlang gleiten, ohne innere Organe zu beeinflussen. Die weniger schnellen Entladungen, welche das Innere durchdringen, wirken betäubend, lähmend und tötend durch Zerreißungen der Gefäße.

Die Stärke der vom Blitze bewirkten Zerstörungen nimmt von der Einschlagstelle nach dem Erdboden zu in der Regel schnell ab, da der Blitz sich nach allen Richtungen verzweigt und damit so schnell an Kraft verliert, daß die von ihm hinterlassenen Spuren oft nicht mehr bis zum Erdboden verfolgt werden können. Er zeigt dieses Verhalten besonders dann, wenn in den unteren Teilen der Gebäude keine Stellen vorhanden sind, welche sich durch besondere Leitfähigkeit oder durch besonders gute Verbindung mit dem Erdreich auszeichnen. Andernfalls werden sich die einzelnen zerstreuten Wege des Blitzes nach solchen Punkten zu wieder vereinigen und kenntlich machen.

C. Wirkungen außerhalb der eigentlichen Blitzbahn.

Diese sind erstens Induktionswirkungen. Sobald ein elektrischer Strom oder die sich entladende Elektrizität in einem Leiter plötzlich auftritt oder verschwindet oder die Richtung wechselt, werden in den benachbarten Leitern und Halbleitern die Elektrizitäten auseinandergetrieben, so daß, wenn diese Leiter in sich geschlossene Kreise bilden, in ihnen Ströme entstehen, andernfalls Funkenbildungen an ihren Enden und Unterbrechungsstellen auftreten. Bei parallelen Leitern ist diese Induktion am stärksten, bei senkrecht zueinander stehenden verschwindet sie. Insbesondere können diese Induktionswirkungen auch so zustande kommen, daß ein einschlagender Blitz in der von ihm getroffenen Leitung schnelle elektrische Oszillationen (Hertzsche Schwingungen) hervorruft, welche nun ihrerseits als äußerst schnelle Wechselströme sehr kräftig induzierend auf die weitere Nachbarschaft wirken und durch Funkenbildung oder physiologische Einwirkungen auf lebende Wesen verhängnisvoll werden können. Ob auch die von solchen Oszillationen ausgehenden elektrischen Wellen explosive Körper direkt gefährden, ist noch nicht sicher erwiesen.

Eine weitere Art von Blitzwirkungen außerhalb der eigentlichen Blitzbahn sind die sogenannten Rückschläge. Durch eine z. B. mit positiver Elektrizität geladene Wolke wird auf den höchsten Stellen der unter ihr gelegenen Erdoberfläche negative Elektrizität gebunden, während die abgestoßene positive ins Erdreich abfließt. Wenn diese Influenz eine sich langsam vollziehende ist, so können auch schlechte Leiter, wie z. B. Ziegel- und Strohdächer, mit der gebundenen Elektrizität geladen werden, da die abgestoßene genügend Zeit hat, abzufließen. Schlägt nun der Blitz in der Nähe ein und geht damit die bindende Kraft der Wolke plötzlich verloren, so tritt ein schnelles und gewaltsames Abströmen der kurz vorher gebundenen Elektrizität nach der Erde zu ein. Hierbei finden alsdann dieselben, wenn auch meist schwächeren Wirkungen statt, als wenn der Blitz direkt in jene Dachflächen geschlagen hätte. Nichtsdestoweniger sind die Rückschläge stark genug, Feuerwirkungen zu erzeugen, zumal die durch die schlechten Leiter strömende Elektrizität langsam fließt und daher Wärme erzeugt. Solche Rückschlagwirkungen können sich aber auch innerhalb eines vom Blitz getroffenen Gebäudes selbst neben der eigentlichen Blitzbahn äußern.

Eine Abart der Rückschläge ist die Seitenentladung. Dieselbe tritt ein, wenn ein leitender Weg bis nahe an den Blitzableiter herangeführt ist. Die plötzlichen Anstauungen im Blitzableiter, wie sie besonders bei elektrischen Oszillationen eintreten, rufen dann eine Influenz in dem benachbarten Leiter hervor, welche zu einem teilweisen Überschlag auf diesen Veranlassung geben kann.

II. Erfahrungssätze über die Blitzgefahr.

Die weitaus meisten Blitzschläge finden in der wärmeren Hälfte des Jahres, in den Monaten April bis September statt.

In Württemberg wird unter 5000 Gebäuden jährlich durchschnittlich nur eines vom Blitz getroffen.

Freistehende, hohe und im Vergleich zur Umgebung hochgelegene Gebäude sind dem Blitzschlag verhältnismäßig mehr ausgesetzt als gewöhnliche in geschlossener Reihe erbaute Häuser.

Bei Kirchtürmen ist die Gefahr des Blitzeinschlags etwa 20mal größer als bei anderen Gebäuden. Auch hohe Dampfkesselschornsteine, Windmühlen auf freiem Feld sowie die Maste von Schiffen sind dem Blitzeinschlag in besonderem Maße ausgesetzt.

Am sichersten gegen Blitzschlag sind niedere Gebäude in engen, tief eingeschnittenen Gebirgstälern oder in der Nähe von hohen Gebäuden, insbesondere von Kirchtürmen und Dampfkesselschornsteinen.

Vielfach wird eine erhöhte Gefahr des Blitzeinschlags angenommen bei Gebäuden, welche größere Metallmassen enthalten oder mit dem Grundwasser durch gute Leiter der Elektrizität, z. B. Gas- und Wasserleitungen, sonstige in den Erdboden führende Metallteile, wie Pumpbrunnen und die Erdplatten von Blitzableitern, in Verbindung stehen oder bei Gebäuden auf feuchtem Untergrund, bei hohem Grundwasserstand und bei unmittelbarer Nähe von Flüssen, Seen, nassen Wiesen, doch erscheint die Richtigkeit dieser Annahme durch die Statistik noch nicht genügend nachgewiesen.

Rauchende Schornsteine würden wegen der Verminderung der elektrischen Spannung durch den Rauch dem Blitzschlage weniger, wegen Verlängerung der leitenden warmen und kohlehaltigen Luftsäule dem Blitzschlag aber mehr ausgesetzt sein als nicht rauchende. Ob eine dieser Wirkungen von merklichem Betrage und welche von ihnen die überwiegende ist, gilt zurzeit noch als unentschieden.

Die Umgebung eines Gebäudes mit hohen überragenden Bäumen gilt im allgemeinen als schützend. Die Fälle sind aber nicht selten, wo der Blitz von einem nahe an einem Gebäude stehenden Baum auf letzteres übergesprungen ist. Diese Gefahr erscheint ausgeschlossen, wenn die äußersten Teile des Baums wenigstens einige Meter von dem Gebäude entfernt sind, und wenn sich zugleich keine großen mit der Erde in gut leitender Verbindung stehende Metallmassen in dem dem Baume zunächst gegenüberliegenden Teile des Gebäudes befinden. Die Art der Bäume ist hierbei nebensächlich. Es wird zwar vielfach angenommen, daß die Eiche, Pappel, Ulme wegen ihres größeren Stärke- und geringen Ölgehalts dem Blitzeinschlag mehr ausgesetzt sind, als die ölreiche Buche und Birke. Es ist jedoch wahrscheinlich, daß es bei den Bäumen weniger auf die Beschaffenheit des Holzes und der Säfte als vielmehr auf die mehr oder weniger gut leitende Verbindung der Bäume mit dem Untergrund oder der regendurchnäßten Erdoberfläche ankommt. Bäume mit tief gehenden Pfahlwurzeln oder mit sehr weit unter der feuchten Oberfläche verzweigten Wurzeln werden den Blitz besser ins Erdreich überleiten, als Bäume auf trockenem Boden und mit wenig verzweigten Wurzeln. In die erstgenannten scheint der Blitz leichter einzuschlagen, und er wird weniger leicht von ihnen abspringen, bei den letztgenannten ist es umgekehrt. Ganz zuverlässige Nachweise fehlen noch. Doch scheint nach den bis jetzt gemachten Erfahrungen die örtliche Lage und die Höhe des Baums im Vergleich zu seiner Umgebung von größerem Einfluß zu sein als die Baumart.

Ein Verkohlen oder Verbrennen eines lebenden Baumes durch Blitzschlag findet nur äußerst selten statt, wohl aber kann eine Entzündung trockenen, dürren Holzes oder kernfauler Stämme eintreten.

Telegraphen-, Telephon- und andere elektrische Leitungen, welche über ein Gebäude hinweggeführt werden, üben im allgemeinen eine schützende Wirkung aus, wenn die Leitungen in nicht zu großer Entfernung von dem Gebäude mit Blitzableitern versehen sind. Es ist aber eine Gefährdung des Gebäudes anzunehmen, wenn sich in unmittelbarer Nähe solcher Leitungen oder ihrer Abzweigungen Gas- und Wasserleitungsrohre befinden, ohne daß durch gute Blitzableiter an den elektrischen Leitungen der Möglichkeit einer Seitenentladung vorgebeugt ist.

Etwa $^3/_4$ aller Blitzschläge in Gebäude sind sogenannte kalte (nicht zündende) Schläge, welche in der Regel nur geringe Beschädigungen des Gebäudes oder ihres Inhaltes verursachen.

Der weitaus größte Blitzschaden, ungefähr $90^0/_0$ des jährlichen gesamten Schadens entsteht an landwirtschaftlichen Gebäuden, weil der Blitz beim Einschlag in gefüllte Scheuern häufig zündet und einen Brand verursacht, wobei das Feuer so rasch um sich greift, daß ein Löschen nicht möglich ist, so daß gewöhnlich das ganze Gebäude und oft auch die Nachbargebäude zerstört werden.

Wohngebäude werden durch den Blitz selten entzündet. In den wenigen Fällen, wo dies vorkommt, beschränkt sich die Zündung in der Regel auf einzelne leicht brennbare Stoffe, wie Kleidungsstücke, Betten, Vorhänge, Papier, Hobelspäne usw. In solchen Fällen gelingt es meist den Hausbewohnern, den Brand im Entstehen zu löschen. Die Entzündungsgefahr ist am größten in Dachräumen, weshalb es angezeigt ist, diese Räume sofort nach einem Blitzeinschlag gründlich zu untersuchen.

Aus dem angeführten Grunde sollte womöglich auch vermieden werden, die Dachräume ländlicher Wohngebäude zur Lagerung von Stroh, Futter u. dgl. zu benützen; es empfiehlt sich vielmehr, diese leicht entzündlichen Stoffe in besonderen freistehenden Gebäuden unterzubringen oder in solchen, welche von den Wohngebäuden durch Brandmauern oder ähnliche feuersichere Wände abgeschieden sind. Endlich sollte die Anwendung von Strohdächern bei der Errichtung neuer Gebäude möglichst beschränkt werden.

Die Gefahr für Menschen, innerhalb der Wohnung vom Blitz getötet zu werden, ist verhältnismäßig gering, besonders wenn die Vorsicht gebraucht wird, sich während des Gewitters sitzend oder liegend in einem trockenen Raum nicht unmittelbar unter dem Dach und entfernt von Wänden und Metallmassen, (eisernen) Öfen, Hängelampen, Gas- und Wasserleitungen oder anderen absichtlich oder zufällig als Blitzableiter dienenden Metalleitungen aufzuhalten.

Im Innern von Gebäuden wird von $1^1/_2$ Millionen Menschen jährlich kaum einer vom Blitz getötet. Öfter kommen Lähmungen, vorübergehende Betäubungen, Hautverbrennungen u. dgl. vor.

In Räumen, wo eine große Menschenansammlung stattfindet, ist die Blitzgefahr eine größere als in gewöhnlichen Wohnräumen.

Am sichersten ist der Aufenthalt während eines Gewitters im Keller, am gefährlichsten in einem Viehstall. Das Vieh im Stall wird häufig durch den Blitz, in manchen Fällen vielleicht indirekt durch Rückschlag, getötet. Dabei findet sich in der nächsten Umgebung selten eine Beschädigung des Gebäudes selbst.

Eine merkwürdige, von der Wissenschaft bis jetzt nicht genügend aufgeklärte Erscheinung sind die sogenannten Kugelblitze, gegen welche es einen Blitzschutz überhaupt nicht zu geben scheint. Ein solcher im Juni 1901 in der Gemarkung Altenhain im Kreise Schotten in der hessischen Provinz Oberhessen beobachteter Kugelblitz wurde folgendermaßen beschrieben: „Während eines in den Mittagsstunden heraufziehenden schweren Gewitters bemerkten im Felde arbeitende und vom Felde heimkehrende Leute plötzlich eine mächtige Feuerkugel von dem nahen Walde herkommen. Die Kugel hatte die Größe eines Korbes oder einer Bütte; sie schien sich auf oder nur wenig über der Erde hin fortzubewegen und zwar in langsamem Zeitmaße. Jedes Hindernis, das sich ihr auf dem Wege entgegenstellte, zertrümmerte sie im Nu. Ihre Richtung ging durch einen Bohnenacker; hier zerbrach sie die Bohnenstangen wie Strohhalme. Auf dem weiteren Wege nach dem Dorfe Altenhain zu geriet ein Huhn in den Bereich des Feuerballes; es wurde von ihm vollständig verzehrt. An der Mauer des dem dortigen Straßenwarte gehörigen Hauses prallte die Kugel an und riß hier schwere Steine aus der Ecke der Mauer. Endlich verschwand die Erscheinung in der Nähe des Forstwarthauses. Der Weg, den der Kugelblitz genommen hatte, zeigte überall Brandspuren."

III. Wirkungsweise des Blitzableiters.

Durch zusammenhängende gute Leiter der Elektrizität kann ein in ein Gebäude einschlagender Blitz so zur Erde abgeleitet werden, daß er keine zerstörenden oder gefährlichen Wirkungen an dem Gebäude und seinem Inhalt ausübt. Auch die auf S. 6 u. 7 bezeichneten mittelbaren Wirkungen des Blitzes oder der atmosphärischen Elektrizität können auf diese Weise verhütet oder unschädlich gemacht werden.

Die frühere Annahme, daß durch die Spitzen der Auffangstangen von Blitzableitern ein allmähliches Ausströmen der Erdelektrizität in dem Maße bewirkt werden kann, daß die Gefahr des Blitzeinschlags dadurch vermindert wird, hat sich nach den in Württemberg angestellten statistischen Untersuchungen als nicht zutreffend erwiesen. Andererseits erscheint nach jenen Erhebungen aber auch die Befürchtung, daß ein Blitzschlag, welcher das ungeschützte Haus nicht treffen würde, durch einen Blitzableiter auf dasselbe hingelenkt wird, unbegründet.

Ebenso ist die Behauptung, daß durch unvollkommene Blitzableiter die Blitzgefahr erhöht statt vermindert wird, in ihrer Allgemeinheit nicht berechtigt.[1]) Erfahrungsgemäß tragen schon metallene Gebäudeteile von größerer Ausdehnung, insbesondere solche, welche von den höchsten Stellen der Gebäude zur Erde führen, auch wenn sie ganz ohne Rücksicht auf den Blitzschutz ausgeführt sind, in der Regel zur Verminderung des Blitzschadens bei.

Es liegt also kein Grund vor, die Anwendung des Blitzableiters zu scheuen. Die Ausführung von Blitzableitern ist auch keineswegs so schwierig, daß nicht jeder geschickte Metallarbeiter sich damit vertraut machen könnte. Insbesondere bei den gewöhnlichen Wohn- und landwirtschaftlichen Gebäuden läßt sich mit ganz einfachen Mitteln und geringen Kosten ein ausreichender Schutz gegen den Blitz herstellen. Dies trifft namentlich dann zu, wenn schon beim Entwurf des Bauplans und während der Ausführung des Gebäudes auf die Ausnützung der metallenen Gebäudeteile für die Zwecke des Blitzschutzes Rücksicht genommen wird.

Da die landwirtschaftlichen Gebäude wegen ihres leicht entzündlichen Inhalts weitaus am meisten unter den zerstörenden Wirkungen zündender Blitzschläge zu leiden haben, erscheint besonders bei dieser Art von Gebäuden die Anbringung von Blitzableitern geboten. Es braucht dabei nicht mit übertriebener Ängstlichkeit verfahren zu werden, und es ist nicht nötig, jeden, auch den geringsten Schaden zu verhüten. Man kann sich vielmehr

[1]) S. Leitsätze des Elektrotechn. Vereins, Ziffer 4 und Anhang S. 118.

schon mit Einrichtungen begnügen, von welchen zu erwarten ist, daß sie wenigstens ein gefährliches Eindringen des Blitzes ins Innere des Gebäudes und einen Brand verhüten.

Es gibt wohl Blitzschläge von so außergewöhnlicher Art und Stärke, daß selbst die besten Blitzableiter nicht vollkommen dagegen schützen. Das sind aber seltene Ausnahmen, und es wäre ein Fehler, deshalb oder wenn bei scheinbar guten Blitzableitern erheblichere Beschädigungen an einem Gebäude vorkommen, an der schützenden Wirkung der Blitzableiter überhaupt zu zweifeln; diese ist durch die Wissenschaft und die Blitzschlagstatistik unumstößlich sicher nachgewiesen. Außerordentlich schwierig ist allerdings die Ausführung eines ganz vollkommen zuverlässigen Blitzschutzes für Gebäude, welche zur Herstellung leicht explosibler Stoffe dienen, weil hier unter Umständen der kleinste Induktionsfunke (S. 7) oder eine Erschütterung durch den Blitzschlag genügt, um den Sprengstoff zur Explosion zu bringen. Hier ist daher die größte Vorsicht geboten und es darf an Kosten für den Blitzschutz nicht gespart werden.

Der beste Blitzableiter würde gebildet durch einen das ganze Gebäude umschließenden Metallmantel, weil nach den erstmals von dem englischen Physiker Faraday angestellten Versuchen und den bei Blitzschlägen gemachten Erfahrungen keine Art von Blitzwirkungen, auch nicht die auf S. 7 bezeichneten Induktions- und Rückschlagwirkungen ins Innere einer solchen vollständigen metallischen Hülle dringen.

Der metallene Schutzmantel kann aber auch durch ein engmaschiges Drahtnetz ersetzt werden. In hohem Grad sicher gegen Blitzschaden sind infolgedessen Bauten, welche ganz oder im wesentlichen aus Eisen bestehen, oder solche mit metallenen Dach- und Wandflächen (z. B. eiserne Bahnhofhallen und Markthallen, Wellblechschuppen, eiserne Schiffe, Gasometer). Der Blitz verzweigt sich hier von der Einschlagstelle aus nach allen Richtungen. Dadurch wird seine Energie geschwächt, so daß er selbst über einen die Elektrizität schlecht leitenden Steinsockel hinweg zur Erde abfließen kann, ohne sichtbare Spuren zu hinterlassen. Solche Bauten sind also im allgemeinen durch ihre Bauart allein schon gegen den Blitz genügend geschützt, so daß hier besondere Blitzableiter entbehrlich sind. Führen aber lange Rohrleitungen von außen ins Innere eines solchen Hauses, so können beim Blitzeinschlag starke elektrische Spannungsunterschiede zwischen den Eisenteilen des Hauses und den Rohrleitungen und damit gefährliche Funken entstehen. Diese Möglichkeit besteht hauptsächlich bei Gas- und Wasserleitungen, deren unterirdisches Rohrnetz mit der Erde in so großflächiger Berührung steht, daß es dem Blitz einen widerstandsloseren Übergang zur Erde darbietet als die Eisenteile und die Grundmauern des Hauses. Es findet deshalb nur dann ein sicherer Schutz statt, wenn die Rohrleitungen in metallische Verbindung mit den Eisenteilen des Hauses gebracht und dadurch zur Ableitung und Ausbreitung des Blitzes mitbenützt werden.

Bei eisernen Gebäuden ohne geschlossene Wände (offenen eisernen Hallen und Schuppen), sowie bei Gebäuden aus Stein und Holz mit einem Metalldach und mehreren metallenen Regenabfallrohren kann der Blitz ebenfalls unschädlich zur Erde geleitet werden, wenn er sonst keine besseren oder annähernd gleichwertigen Ableitungen vorfindet. Ähnlich verhält es sich bei Gebäuden mit Ziegel- oder Schieferdächern, deren First- und Giebelkanten mit gut zusammenhängenden Blechstreifen bekleidet sind, wenn zugleich mehrere zur Erde führende Regenabfallrohre vorhanden sind, die in Verbindung mit jenen Metallbekleidungen der Dachkanten ununterbrochene metallische Leitungswege von der Einschlagstelle des Blitzes bis zur Erde bilden. Derselbe Zweck wird erreicht, wenn dort, wo solche natürliche Leitungen fehlen, besondere Metalleitungen angebracht werden. Es kommt aber häufig vor, daß der Blitz von solchen Leitungen nach anderen im Innern oder außen an dem Gebäude befindlichen Metallmassen abspringt, wenn die letzteren auch mit der Erde nicht in gut leitender Verbindung stehen. Diese Gefahr wird beseitigt, wenn die betreffenden Metallmassen durch Zweigleitungen in die Blitzleitungen eingeschaltet werden, so daß der Blitzstrom seinen Weg durch erstere hindurch und zurück zu den Blitzleitungen oder direkt zur Erde nehmen kann.

Die Gebäude, namentlich die neueren, enthalten aber in der Regel eine Menge von Metallteilen und Metallgegenständen, deren Anschluß an den Blitzableiter untunlich ist oder mit zu großen Schwierigkeiten verbunden wäre. In den Fabriken sind es hauptsächlich die Maschinen, Apparate und Transmissionen, in anderen Gebäuden eiserne Öfen und Ofenrohre, Küchenherde, eiserne Treppen und Treppengeländer, die Verdrahtungen gegipster Wände und Decken; ja selbst einzelne Nagelreihen, Maueranker und Schrauben, Türen-, Fenster- und Ladenbeschläge können dadurch gefährlich werden, daß sie leitende Brücken zu anderen größeren Metallmassen bilden.

Oft genügen schon feuchte Mauerstellen und Holzteile, um einen Teil des Blitzstroms von einem guten metallischen Leitungsweg abzulenken. Diese Neigung des Blitzes zum Verlassen guter Leiter wird wesentlich vermindert, wenn die Blitzleitungen (als Erdleitungen) fortgesetzt und in großflächige Berührung mit feuchter Erde gebracht werden, damit der Widerstand, welchen der Blitz beim Übergang von den Metallleitungen zur Erde zu überwinden hat (der Übergangswiderstand), ein möglichst geringer wird. Ein geringerer Übergangswiderstand als ihn das ausgedehnte unterirdische Rohrnetz der Gas- und Wasserleitungen besitzt, ist kaum zu bewirken, deshalb sind solche Rohrleitungen, wo immer möglich, als Erdleitungen des Blitzableiters zu benutzen.

Die Neigung des Blitzes zum Abspringen vom Blitzableiter wird auch vermindert durch mehrfache Verzweigung der Ableitungswege. Je ungünstiger die örtlichen und Bodenverhältnisse für die Herstellung guter Erdleitungen sind, um so mehr ist darauf Bedacht zu nehmen, daß der Blitzstrom von der Einschlagstelle aus nach abwärts geteilt und auf mehreren räumlich voneinander getrennten Wegen zur Erde geführt wird.

Das Nähere über die Anordnung des Leitungsnetzes ist im V. Abschnitt enthalten.

IV. Gebäude,
welche eines Blitzschutzes besonders bedürfen.

Nach dem Ergebnisse der in Preußen in den Jahren 1877—1886 angestellten Statistik über die Höhe des in diesem Zeitraum durch Blitzschlag an Staatsgebäuden jeder Art verursachten Schadens besteht kein Bedürfnis, die sämtlichen Gebäude ohne Ausnahme mit einem Blitzableiter zu versehen, weil die Kosten der Herstellung, jährlicher Untersuchung und Unterhaltung so vieler Blitzableiter unverhältnismäßig groß wären im Vergleich zu dem gesamten Blitzschaden, der an den ungeschützten Gebäuden entstehen würde. Da aber der an landwirtschaftlichen Gebäuden (Scheuern und Ställen) verursachte Blitzschaden im Vergleich zu demjenigen der übrigen Gebäude ein besonders großer war, so wird auf den Schutz dieser Art von Gebäuden in erster Linie Bedacht genommen. Im übrigen wird bei Neubauten von Fall zu Fall entschieden, ob in Anbetracht der örtlichen Verhältnisse, der Bauart oder der Bestimmung des Gebäudes ein Blitzableiter als erforderlich zu betrachten ist, oder nicht.

Im folgenden sind nun die Gebäude bezeichnet, bei welchen die Anbringung eines Blitzableiters besonders angezeigt ist.

1. Alle Gebäude, in denen man die in ihnen sich aufhaltenden Menschen gegen Blitzschlag geschützt zu sehen wünscht, ganz besonders also Gebäude, in welchen große Menschenansammlungen stattfinden, z. B. Kirchen, Unterrichtsanstalten und Theater.
2. Gebäude zur Fabrikation und Lagerung explosibler Stoffe jeder Art.
3. Gebäude, welche zur Lagerung oder Verarbeitung größerer Mengen leicht entzündlicher Stoffe dienen, z. B. Scheuern, Baumwollspinnereien, Mahl- und Sägemühlen, Frucht- und Mehlspeicher, Fabriken für Holzbearbeitung.
4. Gebäude mit sehr wertvollem Inhalt, insbesondere solchem von großem wissenschaftlichen, geschichtlichen oder künstlerischen Wert, der im Falle einer Zerstörung unersetzbar ist, z. B. öffentliche Bibliotheken, Kunst- und Altertumssammlungen.
5. Gebäude jeder Art, welche wegen ihrer isolierten oder hohen Lage oder wegen ihrer eigenen großen Höhe (Türme) der Gefahr eines Blitzeinschlags in besonderem Maße ausgesetzt sind.
6. Gebäude, in welchen zahlreiche elektrische Freileitungen zusammenlaufen, z. B. die Maschinengebäude elektrischer Zentralen, Bahnhof-, Post- und Telegraphengebäude und Gebäude mit Telephonständern.
7. Hohe Fabrikschornsteine.

V. Allgemeine Anordnung des Blitzableiters.

1. Auffangvorrichtungen.

Die Blitzeinschlagstelle befindet sich gewöhnlich in irgend einer hochgelegenen Spitze, Ecke oder Kante des Daches oder der dasselbe überragenden Gebäudeteile. Hauptsächlich sind es die sich über den Dachfirst erhebenden Schornsteinköpfe, die Turmspitzen, die Spitzen der Zelt-, Kegel- und Walmendächer, die Spitzen der Giebeldreiecke oder irgend eine Stelle der Firstkanten, in welche der Blitz einschlägt. Bei flachen Dächern sind auch die Giebel- und Traufkanten dem Blitzeinschlag ausgesetzt. Alle diese Stellen sind durch metallene Auffangvorrichtungen zu schützen.

Die Möglichkeit des Einschlags in irgend einen Punkt der Dachfläche besteht insbesondere da, wo sich nahe unter derselben ein besonderer Anziehungspunkt befindet, z. B. ein eisernes Wasserreservoir mit angeschlossener, sich unterirdisch fortsetzender Wasserleitung, oder da, wo die Zweige eines Baumes der Dachfläche sich nähern oder sie berühren. Auch solche Stellen sind durch Auffangvorrichtungen zu schützen.

Das Wichtigste bei der Anlage eines Blitzableiters ist, daß der einschlagende Blitz sicher aufgefangen wird. Deshalb wird man besonders bei Gebäuden mit leicht entzündlichem oder explosiblem Inhalt eher zu viel als zu wenig tun und alle nur einigermaßen möglichen Blitzeinschlagstellen durch Auffangvorrichtungen schützen.

Die Form der Auffangvorrichtungen ist zwar im allgemeinen eine beliebige, jedoch verdienen nach oben gerichtete Stangen, Spitzen, Ecken und Kanten den Vorzug vor breiten flächenartig ausgebildeten Metallgegenständen, weil der Blitz von ersteren in höherem Maße angezogen und von anderen Gebäudeteilen abgelenkt wird als von letzteren. Es können hierzu eiserne Auffangstangen oder Flaggenstangen, Turmkreuze, Wetterfahnen, metallene Dachspitzen, aber auch Kugeln, wagrecht oder schief verlaufende Metalleitungen, Metallflächen, Blechbekleidungen der Dachkanten oder irgendwie geformte Metallkörper verwendet werden. Es ist nur nötig, daß der Blitz an der Einschlagstelle einen guten Leiter der Elektrizität vorfindet, welcher der beim Blitzeinschlag auftretenden Wärme- oder mechanischen Wirkung und den Witterungseinflüssen genügend widersteht.

Hochgelegene Stellen, welche an sich dem Blitzeinschlag ausgesetzt sind, können auch durch in der Nähe befindliche sie überragende Auffangvorrichtungen oder Auffangstangen geschützt werden, wenn sie sich im sogenannten Schutzraum der letzteren befinden.

Unter dem Schutzraum einer Auffangstange verstand man seither einen kegelförmigen Raum, dessen Spitze mit der Spitze der Auffangstange zusammenfällt. Je nachdem der Halbmesser der kreisförmigen Grundfläche des Kegels das Einfache, Doppelte oder Dreifache der Höhe des Kegels beträgt, sprach man von einem einfachen, doppelten oder dreifachen

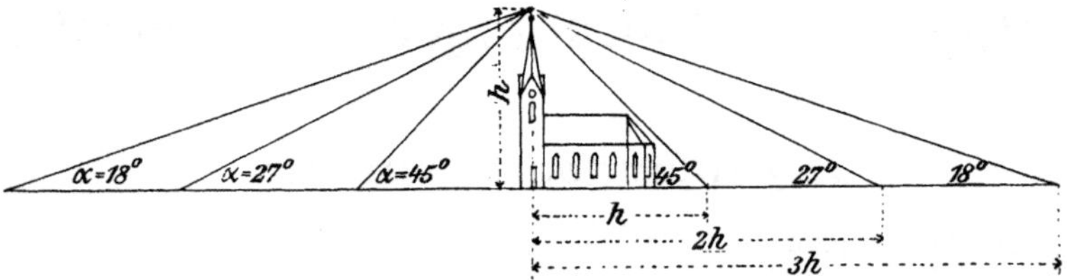

Fig. 1.

Schutzraum und es wurde gewöhnlich beansprucht, daß alle höchstgelegenen Spitzen und Ecken des Gebäudes sich noch im einfachen, alle höchstgelegenen Kanten im doppelten, die höchstgelegenen Dachflächen und alle übrigen Teile des Gebäudes sich noch im dreifachen Schutzraum einer Auffangstange befinden (Fig. 1).

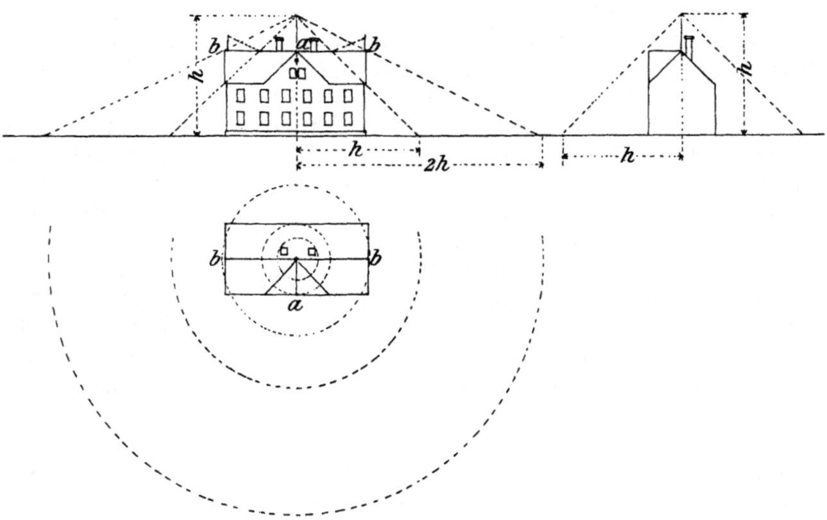

Fig. 2—4.

Die beiden Schornsteinköpfe und die Spitze *a* des Mittelgiebels des in Fig. 2—4 dargestellten Gebäudes befinden sich noch im einfachen, die Spitzen *b* der seitlichen Giebeldreiecke im doppelten Schutzraum der mittleren Auffangstange. Da für diese höchst gelegenen Spitzen der doppelte

Schutzraum nicht als genügend angesehen wird, wären dort besondere kleine Auffangstangen erforderlich.

Diese Regeln über den Schutzraum sind nun aber keineswegs aus einer bestimmten wissenschaftlichen Berechnung hervorgegangen und haben sich auch nicht durchaus bewährt. Der Schutz einer Auffangvorrichtung ist verschieden je nach der Gestalt, der Masse, der elektrischen Leitungsfähigkeit des zu schützenden Körpers und dessen leitender Beziehung zur Erde. Der Grad der Durchnässung der Gebäudeteile durch den Gewitterregen und die Richtung des einschlagenden Blitzes in ihrer Abhängigkeit von der mit Regentropfen mehr oder weniger erfüllten Luft nehmen einen wesentlichen Anteil an der Gestaltung des Schutzraumes. Zum Schutz schlecht leitender Gebäudeteile in unmittelbarer Nähe einer mit einer guten Erdleitung verbundenen Auffangstange genügt eine ganz geringe Überhöhung oder gar keine, während für weiter entfernte Gebäudeteile der sogenannte einfache Schutzraum versagen kann.

Der unmittelbare Schutz besonders gefährdeter Stellen durch eigene Auffangvorrichtungen ist daher immer dem mittelbaren Schutz durch weiter abgelegene Auffangstangen oder Auffangvorrichtungen vorzuziehen. Sind aber solche besonders gefährdete Stellen durch in ihnen selbst angebrachte Auffangvorrichtungen gut geschützt, so lassen es häufig praktische und Sparsamkeitsrücksichten wünschenswert erscheinen, sie auch zum mittelbaren Schutz anderer nicht zu weit entfernter dem Blitzeinschlag ebenfalls ausgesetzter Stellen heranzuziehen.

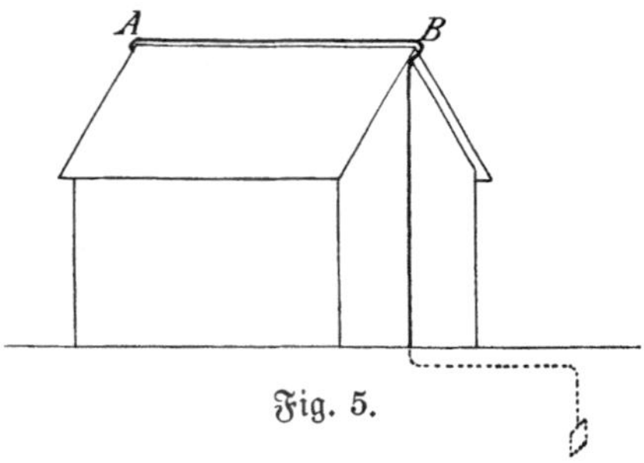

Fig. 5.

Handelt es sich z. B. um den Schutz eines Gebäudes mit einem steilen Giebel- oder Satteldach (Fig. 5), so erscheint das Gebäude schon durch eine längs der Firstkante angebrachte entsprechend starke Metallleitung AB hinreichend geschützt. Die Dachflächen und die Traufkanten befinden sich innerhalb des Schutzraums der Firstkante oder der Auffangvorrichtung AB.

Die Anziehungskraft einer mit feuchter Erde metallisch gut verbundenen Auffangvorrichtung für den Blitz nimmt nicht im einfachen Verhältnis ihrer Entfernung von dem zu schützenden Punkt, sondern zuerst langsam und mit wachsender Entfernung immer rascher ab.

Eine bestimmte, physikalisch vollkommen richtig begründete Formel hierüber kann es aus den oben angeführten Gründen nicht geben. Um aber doch einen gewissen Anhalt für die Ausführung von Blitzableitern zu bekommen, erscheint es nötig, dem Schutzraum eine mit den gemachten Erfahrungen möglichst übereinstimmende Begrenzung zu geben.

Dem jedenfalls richtigen und durch zahlreiche Beobachtungen bestätigten Grundgedanken, daß die schützende Wirkung einer Auffangvorrichtung mit zunehmender seitlicher Entfernung durch immer steiler und steiler werdende Linien begrenzt wird, kann in einfacher Weise dadurch Ausdruck gegeben werden, daß man sich jene Grenzlinien nicht als gerade Linien, sondern als Kurven und zwar als Parabeln nach der Gleichung $y^2 = 8x$ vorstellt. Das heißt: Das Quadrat des seitlichen Abstandes y (Fig. 6) jedes zu schützenden Punktes P von der durch den Auffangpunkt A gezogenen Senkrechten AB darf höchstens gleich der Tiefe x unter dem Auffangpunkt A multipliziert mit der Zahl 8 sein, damit der betreffende Punkt noch als geschützt gelten kann. Künftigen Erfahrungen mag es vorbehalten bleiben, entsprechende Verbesserungen an dieser Regel vorzunehmen.

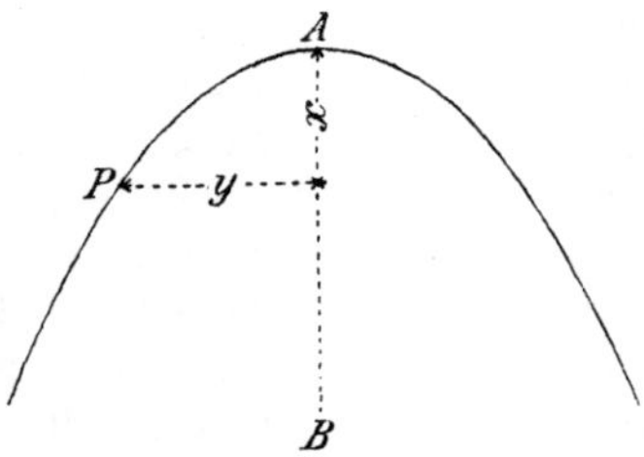

Fig. 6.

Ein 2 m von AB (Fig. 7) wagerecht entfernter Punkt C kann also

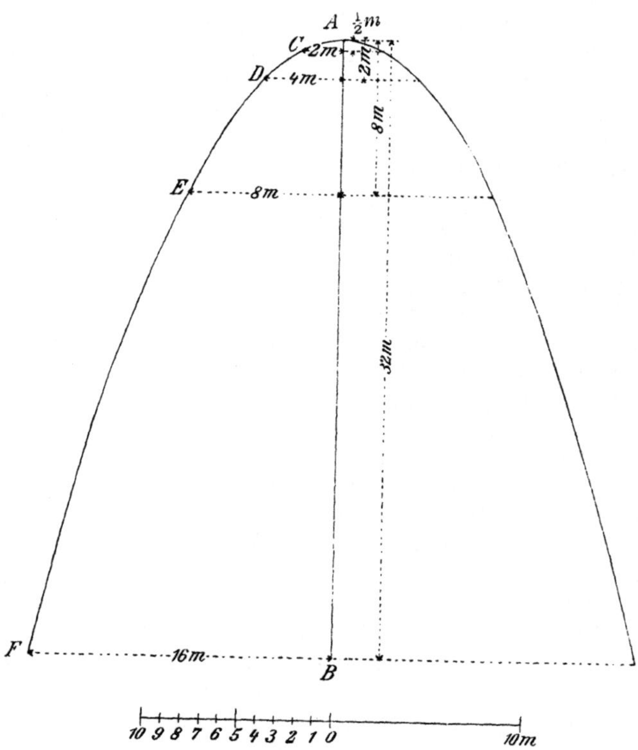

Fig. 7.

noch als geschützt betrachtet werden, wenn er sich $^1/_2$ m unter dem Auffangpunkt A befindet, weil $y^2 = 8x$, d. h. weil $2 \times 2 = 8 \times \frac{1}{2} = 4$

ist. Ebenso sind alle 4 m von AB entfernten und 2 m tiefer als A liegenden Punkte D noch geschützt, weil $4 \times 4 = 8 \times 2 = 16$ ist. Für $y = 8$ wird auch $x = 8$ und für $y = 16$ wird $x = 32$.

Verbindet man die Punkte $ACDEF$ durch eine Kurve, so erhält man die Schutzraumgrenze (Parabel), mittels welcher jeder beliebige Punkt eines Gebäudes daraufhin geprüft werden kann, ob er sich innerhalb oder außerhalb des Schutzraumes irgend einer Auffangvorrichtung befindet.

Auf eine weitere Entfernung als 16 m von AB sollte der Schutzraum einer Auffangvorrichtung nicht ausgedehnt werden, so daß also z. B. die Spitze eines 60 m hohen Turms eben auch nur bis auf eine Entfernung von 16 m, wie die Spitze eines 32 m hohen Turms schützen würde.

Ist von dem zu schützenden Gebäude eine Ansichtszeichnung und ein Grundriß vorhanden, so kann die Schutzraumprüfung leicht in der Weise vorgenommen werden, daß man die Schutzraumgrenze (Fig. 7) im Maßstab der Gebäudezeichnung auf ein besonderes Blatt Papier zeichnet, dieselbe ausschneidet und mit dem Scheitel A auf die einzelnen Auffangpunkte legt. Dabei ist jedoch zu beachten, daß die Entfernungen der zu prüfenden Punkte von der Senkrechten AB dem Grundriß und nicht der Ansichtszeichnung zu entnehmen sind, soweit nicht die letztere selbst die wahre Entfernung angibt.

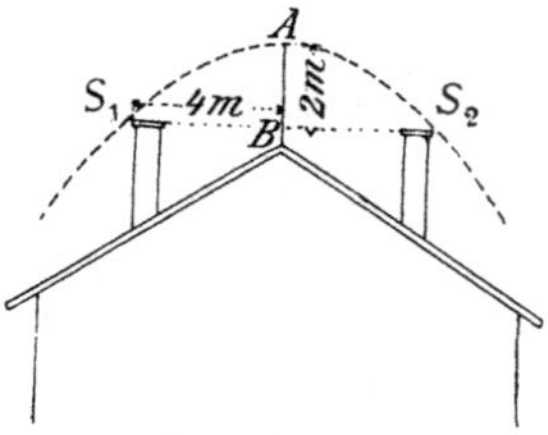

Fig. 8.

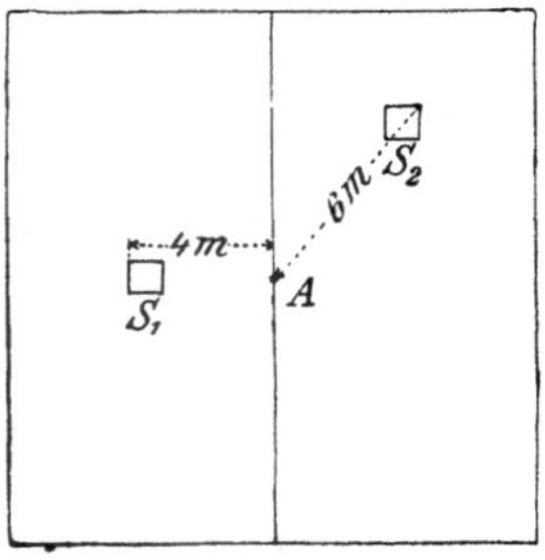

Fig. 9.

Beispiel: Durch die in der Mitte eines Hauses angebrachte Auffangstange AB (Fig. 8 u. 9) ist zwar der vordere 4 m weit entfernte und 2 m tiefer als die Spitze der Auffangstange gelegene Schornsteinkopf S_1, nicht aber auch der 6 m weit entfernte Schornsteinkopf S_2 geschützt. Letzterer braucht daher eine besondere Auffangvorrichtung.

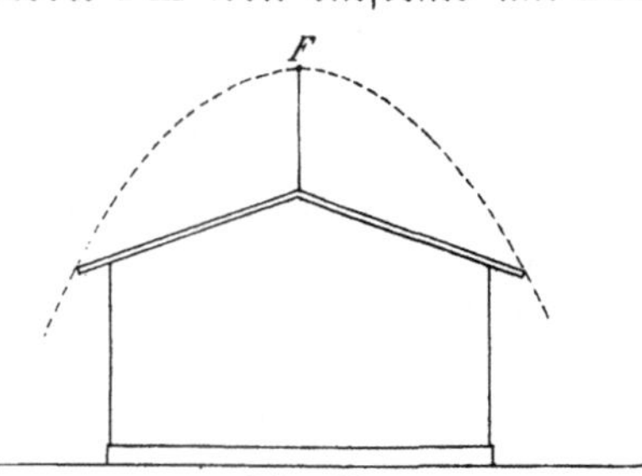

Fig. 10.

Bei flachen Dächern sind die Giebel- und Traufkanten durch längs derselben geführte Leitungen besonders zu schützen oder es ist die Firstleitung F

(Fig. 10) um so viel höher zu legen, daß sich die Giebel- und Traufkanten noch innerhalb des Schutzraumes befinden. Solche erhöhte Firstleitungen können zweckmäßigerweise zugleich zum Schutze zahlreicher Schornsteinköpfe und anderer Dachaufbauten verwendet werden (Fig. 11). Mit dem Schutz der First-, Giebel- und Traufkanten können auch die Dachflächen als geschützt betrachtet werden.

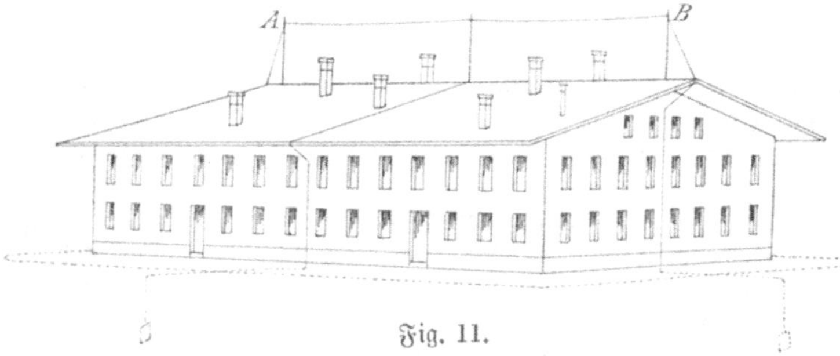

Fig. 11.

Einzelne nichtmetallische Gebäudeteile, welche die Schutzraumgrenze um weniges überschreiten, können im allgemeinen auch noch als geschützt gelten, und zwar um so mehr, je tiefer sie unter dem Auffangpunkt liegen, während metallene, insbesondere spitzige, eckige, in die Höhe ragende Gebäudeteile, welche sich der Schutzraumgrenze nähern, besser selbst als Auffangvorrichtungen behandelt und mit den erforderlichen Ableitungen versehen werden.

2. Führung der Leitungen.

Von den Auffangvorrichtungen sind die Gebäudeleitungen zu den Erdleitungen zu führen, welch letztere sich in der Erde unter Bevorzugung feuchter Stellen möglichst weit auszubreiten haben.[1])

Je mehr sich das so geschaffene Leitungsnetz einem das ganze Gebäude einschließenden Käfig nähert, desto sicherer ist der Schutz, desto weniger können Seitenentladungen und die oben S. 4 und 7 erwähnten mittelbaren Blitzwirkungen entstehen oder schädlich werden.

Dort, wo schon der kleinste Funke eine gefährliche Explosion verursachen kann, würde der beste Blitzschutz dadurch erzielt, daß die Umfassungswände des Gebäude und das Dach ganz aus Metall hergestellt werden. Wo dies aber nicht möglich ist, sollten in solchen Fällen nicht bloß Metalleitungen längs der Kanten des Dachs und der Umfassungswände des Gebäudes, sondern auch dazwischen in größerer Anzahl angebracht werden, etwa wie in Fig. 12 u. 13. Diese Auffang- und Gebäudeleitungen sind zu einer das ganze Gebäude umschließenden, in einer Tiefe von ca. 40 cm unter der Erdoberfläche verlegten metallischen Erdleitung zu führen. Eine solche Erdleitung erfüllt den doppelten Zweck, die unteren Enden der

[1]) Siehe Leitsätze des Elektrotechn. Vereins und Anhang S. 118.

Gebäudeleitungen unter sich zu verbinden, damit der Entladungstrom des Blitzes über alle Gebäudeleitungen annähernd gleichmäßig verteilt wird, andererseits soll durch ihre ausgedehnte großflächige Berührung mit der Erde, welche in dieser oberen Schicht durch den fast jeden Blitzschlag begleitenden Gewitterregen befeuchtet wird, ein möglichst widerstandsloser

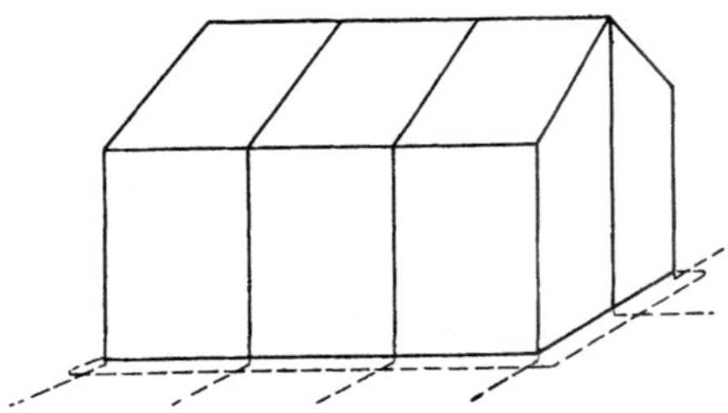

Fig. 12.

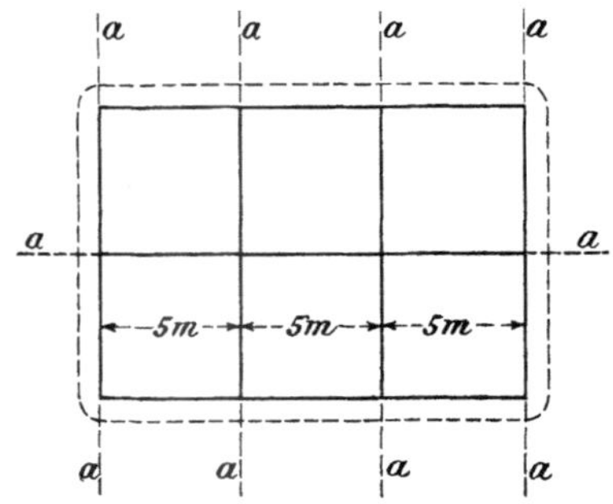

Fig. 13.

Übergang des Blitzstroms zur Erde vermittelt werden. Befinden sich in der Umgebung des Gebäudes dauernd feuchte Stellen, oder ist das Grundwasser leicht erreichbar, so sind noch besondere Leitungen mit großflächigen Enden dorthin zu führen. In Ermangelung solcher Stellen bedient man sich langgestreckter Ausläufer (*a*, Fig. 13), welche ebenfalls in geringer Tiefe unter der Erdoberfläche (im Humus) zu verlegen sind.

Auch bei Fabrikgebäuden mit sehr leicht entzündlichem Inhalt und vielen inneren Metallmassen, deren Anschluß an den Blitzableiter nicht möglich ist oder auf größe Schwierigkeiten stößt, empfiehlt es sich, in ähnlicher Weise zu verfahren, jedoch kann hier die Entfernung der Gebäudeleitungen voneinander größer als in Fig. 12 und 13 (bis zu etwa 10 m) angenommen werden.

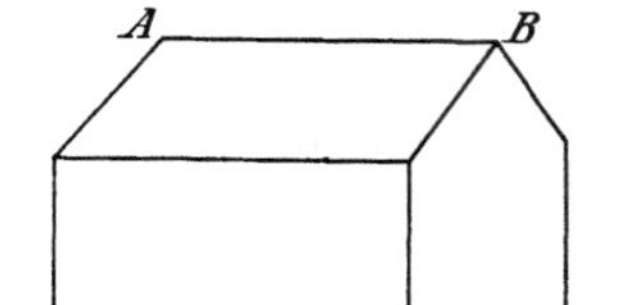

Fig. 14.

Fig. 15.

Diese nach dem Grundsatze des Faradayschen Käfigschutzes (S. 12) konstruierten Blitzableiter können bei jeder Art von Gebäuden, also auch bei den gewöhnlichen Wohnhäusern, Anwendung finden, doch begnügt man sich in der Regel der geringeren Herstellungs- und Unterhaltungskosten halber bei allen Gebäuden, welche keinen besonders feuer- oder explosionsgefährlichen Inhalt bergen, mit einfacheren Mitteln. Wohn- und landwirtschaftliche Gebäude gewöhnlicher Größe erhalten schon einen genügend zuverlässigen Blitzschutz, wenn über den ganzen Dachfirst (*A*—*B*, Fig. 14 u. 15) und über sonstige wahrscheinliche Blitzeinschlagstellen (hochgelegene Schornsteinköpfe u. dgl.) Auffangleitungen gezogen, und längs der Giebelkanten und Gebäudeecken Ableitungen zu einer das ganze Gebäude umschließenden ca. 40 cm tief in den Boden eingegrabenen Erdleitung geführt werden. Wenn das Grundwasser leicht erreichbar ist, Brunnen oder andere dauernd feuchte Stellen sich in der Nähe befinden, ist die Erdleitung auch dorthin zu führen, und auf irgend eine Art in großflächige Berührung mit der feuchten Stelle zu bringen.

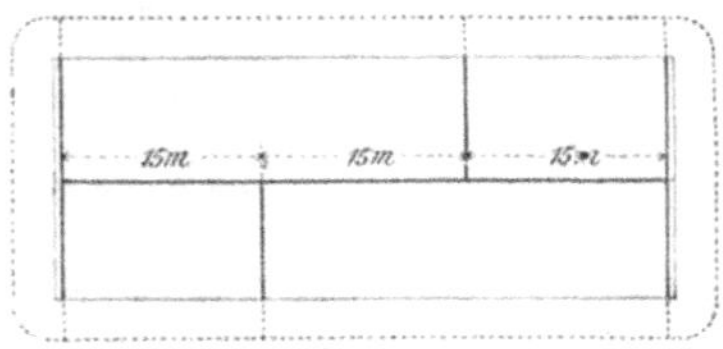

Fig. 16.

Bei Gebäuden von großer Ausdehnung empfiehlt sich die Anbringung von Zwischenableitungen in Entfernungen von 15—20 m (Fig. 16), wobei insbesondere auf solche Stellen Rücksicht zu nehmen ist, wo ein Abspringen des Blitzes vom Blitzableiter zu befürchten ist, z. B. an feuchten Stallwänden oder an den bis zum Dachfirst reichenden Querscheidewänden zwischen Wohn- und Scheuerräumen bei landwirtschaftlichen Gebäuden. Solche Blitzableiter lassen sich mit geringen Kosten herstellen hauptsächlich da, wo gut zusammenhängende Blechverwahrungen der First- und Giebelkanten und Regenabfallrohre als Auffang- und Gebäudeleitungen benutzt und besondere Leitungen entbehrt werden können.

Fig. 17.

Befinden sich leicht zugängliche, dauernd feuchte Stellen in der Nähe der beiden Giebelseiten des Gebäudes, so genügt auch eine Anordnung der Erdleitungen wie in Fig. 17.

Befindet sich eine Ortswasserleitung im Haus, so sind die Blitzableitungen *a*, *b*, *c*, *d* (Fig. 18) an die unterirdische Zuleitung etwa bei *e* und *f* (oder nur bei *e*, wie punktiert angedeutet) anzuschließen. Macht es Schwierigkeiten, alle vier Ableitungen anzuschließen, so genügt der Anschluß von nur zwei Ableitungen (Fig. 19), während die anderen Ableitungen eine besondere Erdleitung erhalten oder bei kleinen Gebäuden ohne Erdleitung bleiben können.

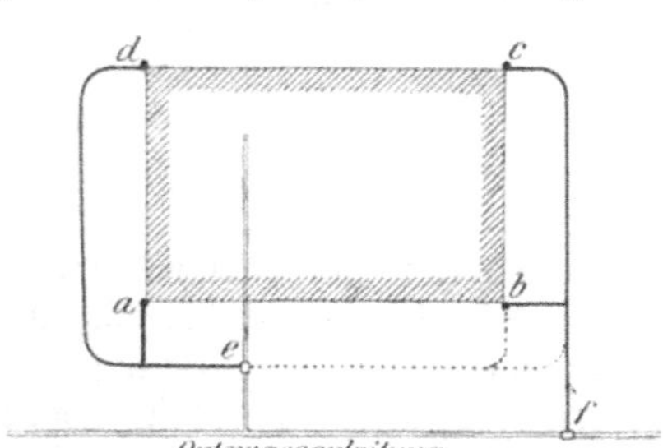

Fig. 18.

Führt die Wasserleitung bis zum Dachstock des Gebäudes, so ist wegen der Gefahr des Abspringens des Blitzes nach dem oberen Ende derselben auch eine metallische Verbindung des oberen Rohrendes mit irgend einer nächstgelegenen oder leicht erreichbaren Stelle der Dach- oder Wandleitung des Blitzableiters zu empfehlen.

Bei kleinen Gebäuden mit harter Dachung genügen zwei Ableitungen, welche von den Enden der Firstleitung aus am besten an zwei einander gegenüberliegenden Gebäudeecken oder in der Mitte der Giebelseiten herab zu einer guten Erdleitung führen (Fig. 20 u. 21).

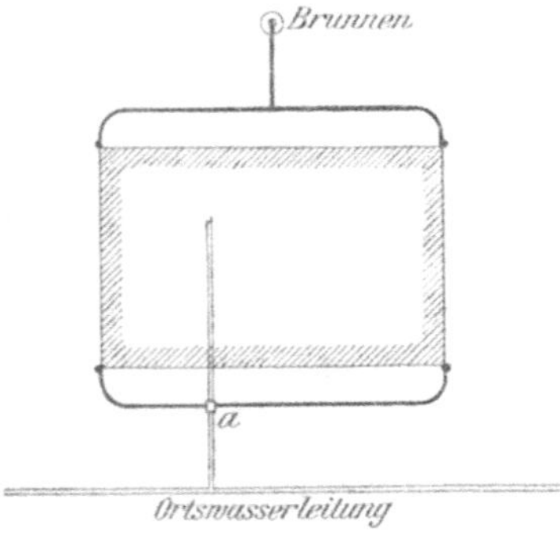

Fig. 19.

An Stelle einer vollständigen Ringleitung um das ganze Gebäude kann man sich auch mit Anordnungen wie in Fig. 22 u. 23 begnügen. Dabei ist jedoch auf eine Verbesserung der Erdleitung durch Anbringung langgestreckter Ausläufer oder auf die Zuführung zum Grundwasser oder anderen dauernd feuchten Stellen besonders Bedacht zu nehmen.

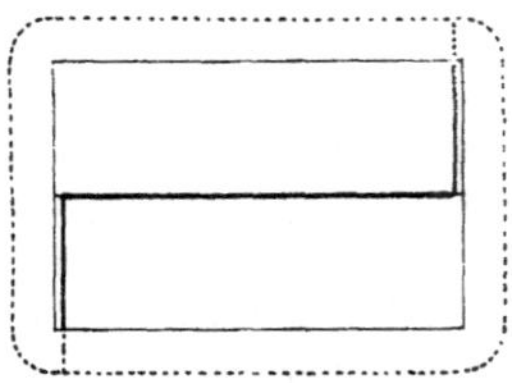
Fig. 20.

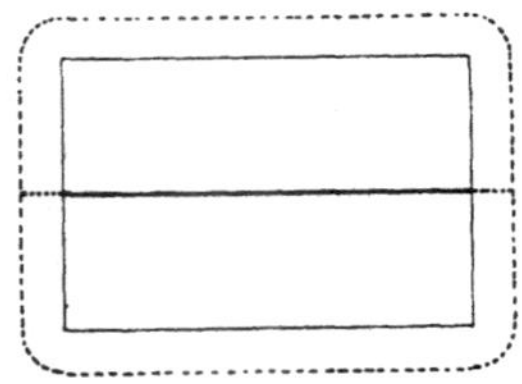
Fig. 21.

Bei beiderseits eingebauten Häusern und, wenn die Anbringung einer Erdleitung auf der Straßenseite mit Schwierigkeiten verbunden ist, hat man zu einer Anordnung etwa wie in Fig. 24 u. 25 zu greifen. In

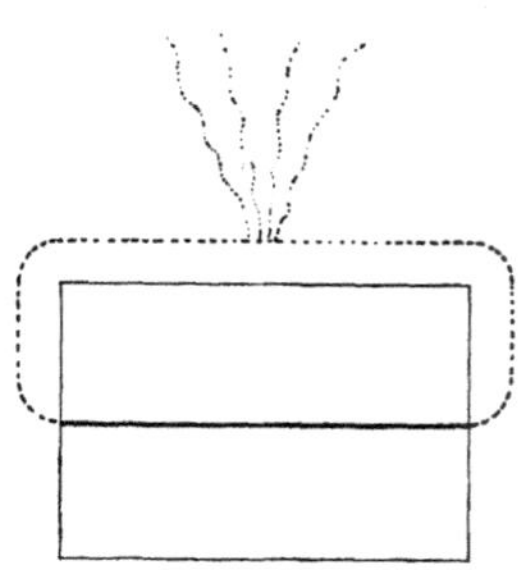
Fig. 22.

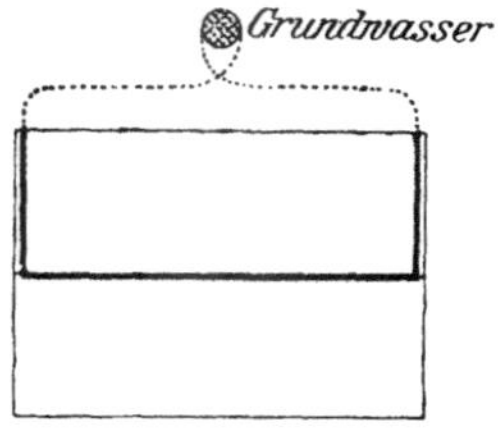

Fig. 23.

solchem Falle können die auf der Straßenseite vorhandenen Ableitungen oder Regenabfallrohre ohne Erdleitung bleiben. Doch empfiehlt es sich, dieselben wenigstens bis zum Boden herabzuführen.

Weniger als zwei Ableitungen sollten bei Gebäuden im allgemeinen nicht angewendet werden.

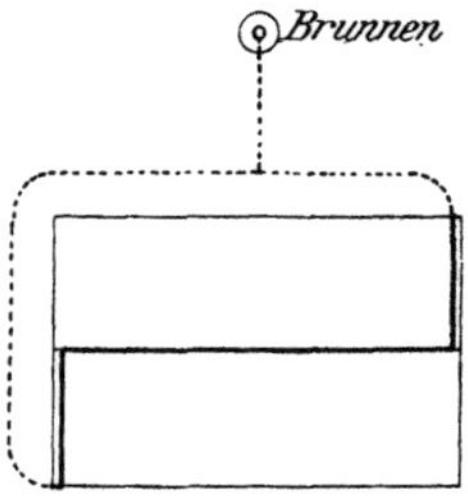

Fig. 24.

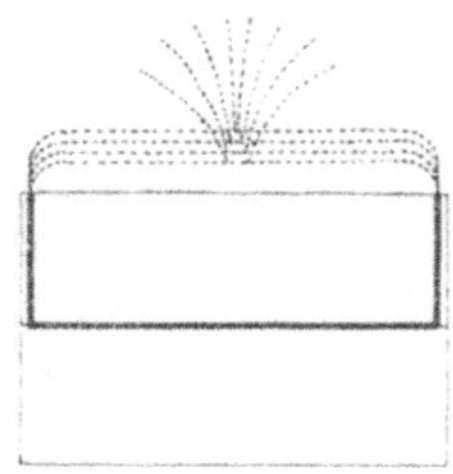

Fig. 25.

Bei Blitzableitern, welche nur eine einzige Ableitung besitzen, kann es vorkommen, daß der Blitz oder ein Teil desselben von der Firstleitung (Fig. 26, bei *a* oder *b*) ins Innere des Hauses dringt. Es ist deshalb immer besser, Ableitungen bei *a* und *b* statt nur einer bei *c* anzubringen. Bei mehrfachen Ableitungen wirken auch Mängel in der Erdleitung weniger nachteilig, als bei einfachen Leitungen; erstere haben ferner den Vorteil, daß sie entsprechend schwächer gehalten werden können als einfache Leitungen, wodurch die Ausführung leichter und gewöhnlich billiger wird. Für kurze Verbindungsstrecken zwischen Auffangvorrichtungen und Gebäudeleitungen kann man sich jedoch im allgemeinen mit einer einfachen Leitung begnügen. Z. B. bei Schornsteinköpfen und Dachfenstern genügt eine einzige von der Auffangvorrichtung zur Firstleitung oder Dachrinne geführte Ableitung (Fig. 27 u. 28).

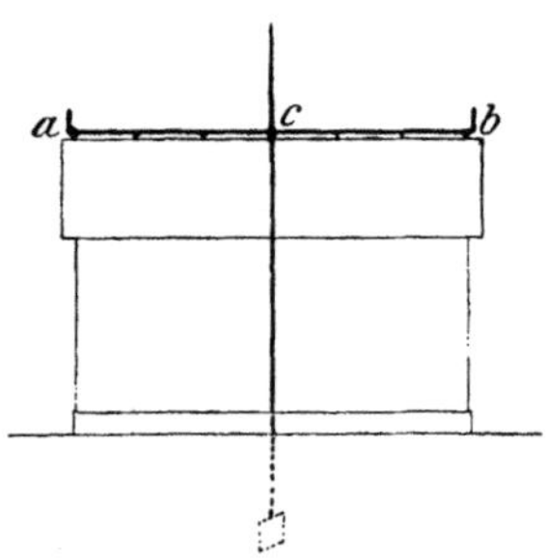

Fig. 26.

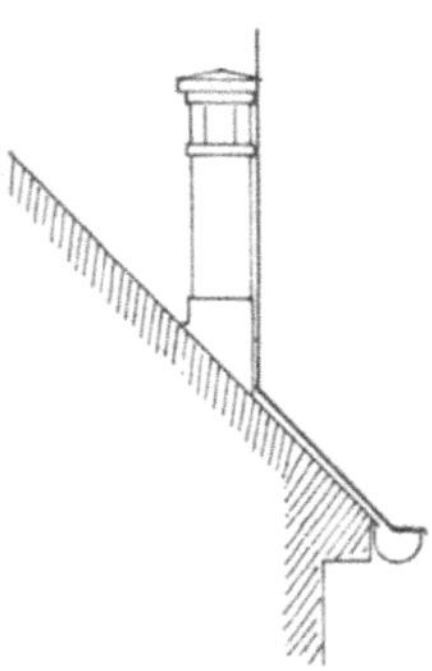

Fig. 27.

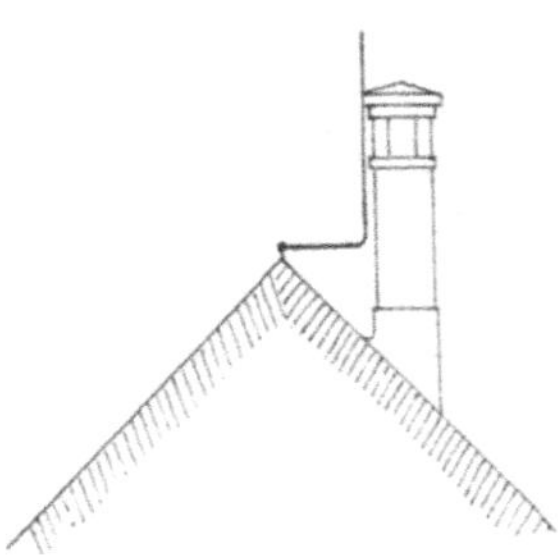

Fig. 28.

Führt bei Gebäuden mit einem steilen Zelt- oder Kegeldach von verhältnismäßig geringer Grundfläche eine Wasserleitung bis nahe unter den höchsten Punkt des Daches oder zu einem dort befindlichen eisernen Reservoir, z. B. bei Wassertürmen, so genügt eine metallische Verbindung der höchsten Stelle der Wasserleitung des Reservoirs mit der Auffangvorrichtung und jede weitere Ableitung ist entbehrlich unter der Voraussetzung, daß sich sonst keine größere Metallmassen in oder an dem Gebäude befinden (Fig. 29).

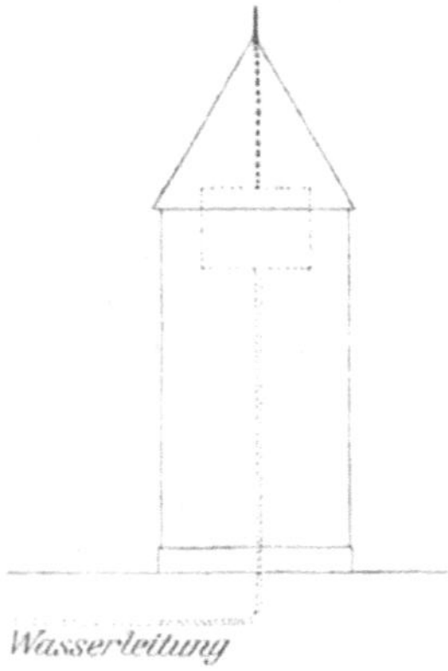

Fig. 29.

Bei gemauerten Fabrikschornsteinen, wo die Gefahr des Abspringens des Blitzes eine geringe ist und die Entzündungsgefahr ganz in Wegfall kommt, genügt bei Vorhandensein einer guten Erdleitung ebenfalls eine einzige Ableitung.

Bei Kirchtürmen sollten stets wenigstens zwei Ableitungen zur Erde geführt werden und zwar beide unmittelbar und nicht auf dem Umweg über den Dachfirst des Kirchenschiffs hinweg (Fig. 30).

Es ist gut, aber nicht unbedingt nötig, daß der Blitz von der Einschlagstelle aus auf dem kürzesten Weg zur Erde geleitet wird. Die geringe Erhöhung des Ohmschen Leitungswiderstandes bei langen Leitungen kann für die Ableitung des Blitzstroms außer Betracht bleiben. Dagegen ist es wichtig, daß viele Ecken, spitze Winkel, Bogen, welche sich einem geschlossenen Kreis nähern, und schleifenartige Windungen in den Leitungen, weil sie die Gefahr des Abspringens des Blitzes vom Blitzableiter erhöhen, vermieden werden (vgl. oben S. 4). Aus dem gleichen Grunde ist auch ein abwechslungsweises Auf- und Abführen der Leitungen, ohne daß von den tiefsten Stellen Ableitungen zur Erde führen, zu vermeiden. Bei weit ausladenden Gesimsen ist die Leitung tunlichst nicht im Bogen um dieselben herum, sondern senkrecht durch sie hindurchzuführen.

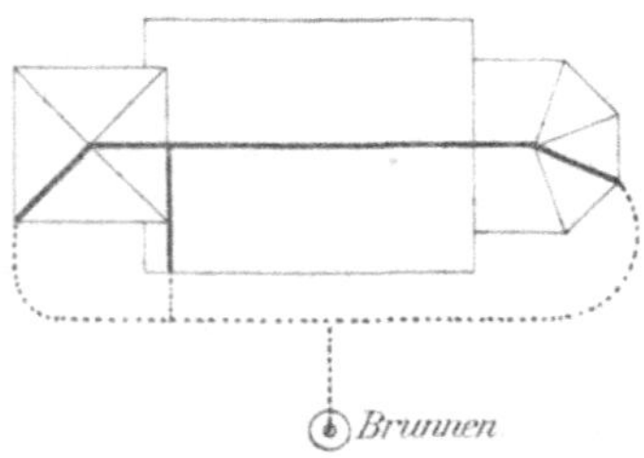

Fig. 30.

3. Anschluß der Gebäudeleitungen an Metallmassen.

Bei Blitzableitern, welche nicht ganz nach dem Grundsatz des Käfigschutzes konstruiert sind, besteht trotz vorhandener guter Erdleitungen stets die Gefahr des Abspringens eines Teils des Blitzes nach benachbarten Metallmassen.

Diese Gefahr ist um so größer, je großflächiger die betreffenden Metallmassen sind, je geringer ihre Entfernung von dem Leitungsweg ist, je mehr sie in paralleler Richtung mit diesem verlaufen und je mehr sie mit der Erde in gut leitender Verbindung stehen. Die Gefahr wird beseitigt, wenn die Metallmassen leitend miteinander verbunden und durch Zweigleitungen in die Blitzleitungen eingeschaltet werden. Dabei handelt es sich hauptsächlich um Säulen und Decken aus Eisen und eiserne Dachstühle, um Gas-, Wasser- und Dampfleitungen, eiserne Wasserbehälter, Dampfkessel, eiserne Glockenstühle u. dgl. Es ist deshalb allen im und am Gebäude befindlichen Metallmassen von einiger Ausdehnung bei der Anlage der Blitzableiter Beachtung zu schenken und erforderlichenfalls deren Einschaltung in den Blitzableiter zu bewirken. Von großem Wert ist es, daß hierauf schon beim Bau des Hauses Rücksicht genommen wird, weil später, wenn die Metallmassen durch den Decken- und Wandputz verdeckt oder in anderer Weise unzugänglich gemacht worden sind, die erforderlichen Verbindungen viel schwieriger herzustellen sind.[1])

In vielen Fällen können solche Metallmassen unmittelbar zur Blitzableitung benutzt und besondere Gebäudeleitungen gespart werden (vgl. S. 25 Fig. 29).

Je weniger ausgedehnt und vereinzelt die Metallmassen sind, je mehr sie im Inneren des Gebäudes und entfernt von den Blitzleitungen liegen, je besser sie gegen die Umgebung und gegen die Erde isoliert sind, je mehr sich das äußere Leitungsnetz einem Faradayschen Käfig, oder einer vollständigen Metallhülle nähert, um so eher kann von der Einschaltung einzelner Metallmassen in das Blitzableiternetz Umgang genommen werden. Bestimmtere Angaben lassen sich nicht wohl machen. Die Notwendigkeit oder Entbehrlichkeit des Anschlusses ist in jedem einzelnen Fall nach den besonderen örtlichen Verhältnissen zu beurteilen. Als ungefährer Anhalt kann dienen, daß größere Metallmassen, welche offenbar eine schlechtere Erdleitung als der Blitzableiter besitzen, bei einer Entfernung von mehr als 3 m von der Blitzleitung eines Anschlusses nicht mehr bedürfen. Gas- und Wasserleitungen sollen aber auch bei erheblich größerer Entfernung nicht unangeschlossen bleiben. Die möglichste Einbeziehung aller größeren Metallmassen in das Blitzableiternetz hat den Vorteil, daß dadurch das Gesamtleitungsvermögen der ganzen Anlage erhöht wird. Auch wird durch die oft sehr ausgedehnten Berührungsflächen der Metallmassen mit dem Mauerwerk und sonstigen Halbleitern in und an dem Gebäude der Erdübergangswiderstand für den Entladungsstrom in vorteilhafter Weise vermindert.

Der Anschluß des Blitzableiters an Metallmassen hat stets so zu geschehen, daß der in die Metallmasse geleitete Strom einen ungestörten Abfluß zurück nach einer Gebäudeleitung oder unmittelbar zur Erde findet (Fig. 31).

Bei im wesentlichen in wagerechter Richtung verlaufenden Eisenmassen, z. B. eisernen Stockwerksdecken ohne Eisenstützen, erscheint ein

---

[1]) S. Leitsätze des Elektrotechn. Vereins, Ziff. 3 und Anhang S. 118.

Anschluß an den Blitzableiter weniger nötig; findet er aber statt, so hat er auch wenigstens zweiseitig zu geschehen.

Seitenentladungen nach unangeschlossenen vereinzelten Metallmassen richten selten einen großen Schaden an, sie können aber gefährlich werden, wenn sich auf dem Weg des Entladungsfunkens leicht entzündliche oder explosible Stoffe oder Lebewesen befinden.

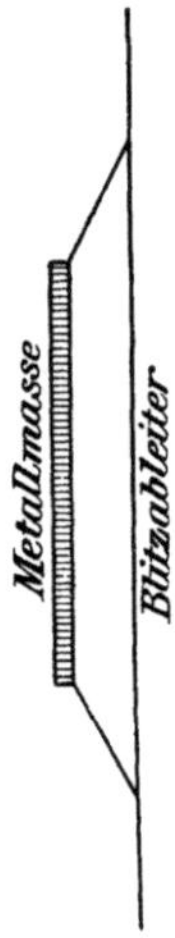

Fig. 31.

Häufig befinden sich innerhalb der Gebäude größere Metallmassen, deren Anschluß an den Blitzableiter wegen ihrer Beweglichkeit (z. B. bei Geschoßmagazinen) oder aus anderen Gründen untunlich ist. In diesen Fällen ist die Ausgestaltung des Blitzableiternetzes nach Art eines Faradayschen Käfigs (S. 12) und die Herstellung guter Erdleitungen von erhöhter Bedeutung.

Bei sehr explosionsgefährlichen Fabrikbetrieben kann der Anschluß von Metallmassen, z. B. von Rohrleitungen, Maschinen und Apparaten, an die Blitzableitungen dadurch gefährlich werden, daß Funken zwischen einzelnen nicht vollkommen metallisch zusammenhängenden Teilen dieser Metallmassen überspringen, was aber auch beim Nichtanschluß infolge von Induktion (vgl. oben S. 7) eintreten kann. Selbst kleine Erschütterungen des Gebäudes oder einzelner Gebäudeteile beim Blitzeinschlag können gefährlich werden. Es haben sich deshalb für die gefährlichste Art solcher Betriebe, für Anlagen zur Herstellung von Nitroglyzerin und von nitroglyzerinhaltigen Sprengstoffen (Dynamit) ganz besondere, von den sonst üblichen Anordnungen zum Teil abweichende Vorsichtsmaßregeln als notwendig erwiesen. Hierfür sind vom Elektrischen Verein in Berlin auf Veranlassung des kgl. preußischen Ministeriums für Handel und Gewerbe die im Anhang S. 119—122 abgedruckten Vorschriften entworfen worden.

Diese Vorschriften verlangen einen doppelten Blitzschutz, einen ersten, welcher von dem zu schützenden Gebäude ganz getrennt ist und den Blitzschlag aufnehmen soll, und einen zweiten am Gebäude selbst angebrachten, welcher dazu bestimmt ist, etwaige Seitenentladungen aufzufangen und den Entladungsstrom vom Eindringen in das Innere des Gebäudes abzuhalten, außerdem soll der zweite Schutz wie ein Faradayscher Käfig wirken, also elektrische Spannungsunterschiede und Funkenbildungen zwischen den inneren, nicht an den Blitzableiter angeschlossenen Metallteilen (Maschinen, Apparaten, Rohrleitungen) verhindern. Dies würde am sichersten erreicht, wenn das Dach und die Wände des Gebäudes aus Wellblech beständen. Wegen der Explosionsgefahr muß dies aber vermieden und die Bauart so gewählt werden, daß bei Eintritt der Explosion möglichst wenig große Stücke auf die benachbarten Fabrikgebäude auffallen. Es wird deshalb nur ein Netzwerk aus Drähten als zweiter Blitzschutz verlangt.

Die inneren Metallmassen werden mit diesem Drahtnetz nicht verbunden, auch ist keine besondere Verbindung ersterer mit der Erde herzustellen. Zur Verhinderung der Einführung elektrischer Ladungen ins Innere der Gebäude werden die Rohrleitungen möglichst unter der Erdoberfläche verlegt und an den Eintrittstellen in das Gebäude durch Rohrstücke aus nicht leitendem Material (Ton, Porzellan, Gummi) von mindestens 50 cm Länge unterbrochen.

Für die von außen ins Innere des Gebäudes geführten elektrischen Drahtleitungen soll an der Außenwand ein Steckkontakt angebracht werden, mittelst dessen beim Anzug eines Gewitters die äußeren Leitungen von den inneren vollständig getrennt werden können.

Bei Geschoß-, Pulver- und sonstigen Sprengstoffmagazinen erscheinen aber so weitgehende Vorsichtsmaßregeln nicht erforderlich. Es genügt hier die Ausführung der Umfassungswände und Dächer aus Metall (soweit andere Rücksichten nicht entgegenstehen) oder eine Anordnung nach Fig. 12 u. 13.

Fig. 32.

Bei kleinen Gebäuden dieser Art kann die Sicherheit in einfacher Weise dadurch noch erhöht werden, daß etwa 2 m über dem First des Gebäudes eine besondere Auffangleitung an freistehenden Stangen wie in Fig. 32 angebracht wird.

Das am Gebäude selbst angebrachte Netz hätte dann nur den Zweck, einen von der oberen Auffangleitung etwa nicht genügend aufgefangenen Blitz oder eine Teilentladung aufzunehmen, unschädlich abzuleiten und das Innere des Gebäudes von elektrischen Spannungen frei zu halten.[1])

Gefährlich für Lebewesen ist die unmittelbare Berührung der Blitzleitungen im Augenblick des Blitzschlags. Es kann aber auch schon deren unmittelbare Nähe wegen der möglichen Induktionswirkungen Schaden bringen. Aus diesem Grunde verzichtet man darauf, eiserne Treppen, Treppengeländer und Aufzüge in den Blitzableiter einzuschalten, dagegen sind die Blitzleitungen möglichst entfernt von diesen Metallmassen zu verlegen.

Die Berührung von Gas- und Wasserleitungshähnen, wie überhaupt aller größeren Metallmassen während eines nahen Gewitters ist zu vermeiden.

4. Erdleitungen.

Die Erdleitungen, welche einen möglichst widerstandslosen Ausgleich der Wolken- und Erdelektrizität zu vermitteln haben, sind um so wirksamer, in je großflächigerer Berührung mit feuchter Erde sie sich befinden.

---

[1]) Vom Elektrotechnischen Verein in Berlin sind für Pulverfabriken und weniger gefährliche Gebäude in Sprengstofffabriken die im Anhang S. 123 2c. abgedruckten Vorschriften in Vorschlag gebracht worden.

Es gibt also eigentlich keine Grenze für ihre Güte. Mit Rücksicht auf die Kosten wird man sich aber im allgemeinen mit Einrichtungen begnügen, bei welchen erfahrungsgemäß noch auf einen hinreichenden Schutz zu rechnen ist. Ein größerer Sicherheitsgrad ist zu schaffen bei Gebäuden mit sehr leicht explosiblem Inhalt und wo an Kosten nicht zu sparen ist. Ein geringerer Sicherheitsgrad genügt z. B. bei massiven städtischen Wohngebäuden, wo die Einschlagsgefahr an und für sich und der Schaden im Falle des Einschlags in der Regel gering ist.

Blitzableiter ohne jede Erdleitung bieten auch einen gewissen, aber einen unsicheren Schutz. Unsicher ist der Schutz namentlich dann, wenn sich eine Gas- oder Wasserleitung in dem Gebäude befindet, welche nicht an den Blitzableiter angeschlossen ist. Die erforderliche Ausdehnung einer Erdleitung hängt auch von dem größeren oder geringeren Feuchtigkeitsgehalt des Bodens ab. Was aber einem Boden an Feuchtigkeit oder elektrischem Leitungsvermögen abgeht, kann durch eine größere Ausdehnung der Erdleitung ersetzt werden. Andererseits kommt es sehr viel auf die Anordnung und Ausdehnung der Gebäudeleitungen an. Je geringer die Zahl der Gebäudeleitungen ist und je weniger vorhandene Metallmassen angeschlossen sind, um so notwendiger ist eine gute Erdleitung. Je größer aber die Zahl der dem Blitz von der Einschlagstelle an dargebotenen Metallwege ist, je großflächiger sie sind und in je großflächigerer Berührung sie mit dem Gebäude stehen, um so sicherer und gefahrloser kann die Ableitung des Blitzes auch ohne eine gute Erdleitung vor sich gehen.

Zur Vermeidung oder Verminderung gefährlicher Erschütterungen ist es bei Gebäuden mit leicht explosiblem Inhalt von großem Wert, daß der Erdübergangswiderstand ein möglichst geringer ist und einige Ohm nicht überschreitet. Im übrigen genügt es, wenn der Übergangswiderstand der Erdleitung nur im Vergleich zu allen andern zufällig vorhandenen Leitungswegen ein erheblich geringerer ist.

Die Ausbreitungsfähigkeit mehrerer räumlich voneinander getrennter Erdleitungskörper ist verhältnismäßig viel größer als bei einem einzigen von derselben Gesamtoberfläche; z. B. eine 1 qm große Erdplatte kann ersetzt werden durch 2 je $^1/_4$ qm oder durch 3 je $^1/_9$ qm große Platten. Metalldrahtnetze besitzen nahezu denselben Ausbreitungswert wie massive Metallplatten von gleicher Flächenausdehnung.

Verwerflich ist es, die Erdleitungskörper in wasserdichte gemauerte Behälter zu versenken, welche keine genügende leitende Verbindung mit dem Erdboden haben.

Die Ausbreitungsfähigkeit einer Erdleitung wächst nicht bloß mit ihrer Oberfläche, sondern insbesondere auch mit ihrer Längenausdehnung, deshalb sind langgestreckte zylinder-, band- oder drahtförmige Erdleitungen, runden oder quadratischen Erdplatten vorzuziehen und es geben aus diesem Grunde die unterirdischen weitverzweigten Gas- und Wasserleitungsrohre die besten, allen anderen weit überlegenen, Erdleitungen ab.

Die Anwendung gedrängter Erdleitungskörper rechtfertigt sich nur bei der Versenkung derselben in Brunnen oder ins Grundwasser. Wo aber zur Erreichung des Grundwassers mit großen Schwierigkeiten und Kosten tiefe Schächte gegraben werden müßten, ist es zulässig, davon abzusehen und nur sogenannte Oberflächenleitungen in langgestreckten seichten Gräben in Anwendung zu bringen. Die Anwendung von Oberflächenleitungen neben Brunnen- oder Grundwasserleitungen empfiehlt sich deshalb, weil die Ausbreitung der Blitzentladung sich im wesentlichen schon in den obersten Schichten der Erde vollzieht, und weil die oberste (Humus-) Schicht teils vermöge ihres natürlichen Feuchtigkeitsgehaltes, teils infolge ihrer Befeuchtung durch den fast jedes Gewitter begleitenden Regen eine nicht zu unterschätzende Leitungs- und Ausbreitungsfähigkeit besitzt.

Es kommt hauptsächlich darauf an, die Energie des Blitzes durch möglichste Teilung des Entladungsstromes über und unter der Erde zu schwächen. Es ist besser, dem Entladungsstrom Gelegenheit zu geben, durch langgestreckte und verzweigte Erdleitungen an unendlich vielen weit voneinander entfernten Punkten zur Erde abzufließen, als den ganzen ungeteilten Blitzstrom einer einzigen vermeintlich besten Entladungsstelle zuzuführen.

Will man den Blitz nur auf einem einzigen Weg an einen bestimmten Punkt hinleiten, von dem man glaubt, er bilde die beste, widerstandsloseste Entladungsstelle, so muß er das auch wirklich sein, sonst bleibt die Gefahr des Abspringens des Blitzes vom Blitzableiter bestehen. Man ist nun aber nicht immer so glücklich, die beste Entladungsstelle zu finden; die Untergrundsverhältnisse sind in den meisten Fällen nicht genügend bekannt, mehrere tiefe Probelöcher zu graben ist zu umständlich, der Stand des Grundwassers ist ein sehr verschiedener je nach der Jahreszeit, so daß es leicht vorkommen kann, daß die Erdplatte, die man tief ins Grundwasser versenkt zu haben glaubt, über kurz oder lang im Trockenen sitzt. Will man aber möglichst tief unter den vorgefundenen Wasserspiegel hinabgraben, um sicher zu sein, daß die Erdplatte auch während der trockensten Jahreszeit unter Wasser bleibt, so stellen sich diesem Bestreben in der Regel nicht geringe technische Schwierigkeiten entgegen. Das einsickernde Grundwasser unterwäscht das Erdreich, welches nachstürzt und das Weitergraben unmöglich macht oder die Arbeiter gefährdet; oder es ist ein Absteifen der Schachtwände und ein Auspumpen des Wassers nötig, was aber als zu kostspielig in der Regel unterlassen wird. Für die Anwendung des Erdbohrers fehlen gewöhnlich die geeigneten Apparate. Nicht immer gestatten die Bodenverhältnisse das Einrammen oder Einbohren von Eisenstäben, Eisenröhren, abessinischen Brunnen u. dgl., abgesehen davon, daß es in diesen Fällen oft sehr fraglich ist, ob man auf Wasser trifft und dauernd genügend große Berührungsflächen mit feuchter Erde erhält. Es ist aber auch das Leitungsvermögen des Wassers um so geringer, je reiner es ist. Steine und Sand leiten viel schlechter als Lehm und Humuserde, daher verhalten sich die in Grundwasser führende Gesteinsschichten versenkten Erdleitungen, für welche nur gedrängte Formen von verhältnismäßig geringer Oberfläche möglich sind, bezüglich ihrer Ausbreitungsfähigkeit viel ungünstiger als langgestreckte Erdleitungskörper, Bänder, Drähte u. dgl., welche in die obere Humusschicht mit ihrer natürlichen und durch den Regen erzeugten Feuchtigkeit, leicht verlegt werden können. Die Oberflächenleitungen haben auch den Vorteil, daß sie leicht aufgegraben, nachgesehen und schadhafte Stellen ausgebessert werden können, was bei Tiefenleitungen, soweit sie nicht in Brunnenschächte versenkt sind, mit größeren Schwierigkeiten und Kosten verknüpft ist.

Der Verzweigung des Blitzableiternetzes über der Erde sind, insbesondere bei ländlichen Gebäuden, des Kostenpunktes und der schwierigeren Instandhaltung halber enge Grenzen gesetzt, man wird sich deshalb hier in der Regel mit vier, in vielen Fällen mit nur zwei Ableitungen, unter welche Zahl aber, wie früher bemerkt, nicht herabgegangen werden sollte, begnügen. Dagegen steht einer ausgedehnten Verzweigung des Leitungsnetzes unter der Erde kein Hindernis im Weg, eine solche ist gewöhnlich leicht und mit geringen Kosten durchzuführen, wenn man sich auf die Anlegung von Oberflächenleitungen, also solchen, welche nur wenige Dezimeter unter der Erdoberfläche verlaufen, beschränkt und einzelne dauernd feuchte Stellen nur insoweit mitberücksichtigt, als sie sich in unmittelbarer Nähe und in leicht erreichbarer Tiefe befinden.

Es ist keineswegs nötig, die Erdleitungen tiefer als die Fundamente der Gebäude zu verlegen, um letztere vor Erschütterungen oder das Haus vor dem Einsturze bei eintretendem Blitzschlag zu schützen. Diese Annahme würde auf einer völligen Verkennung der tatsächlichen Vorgänge bei Blitzschlägen beruhen. Nach den in Württemberg angestellten Untersuchungen ist bei ungeschützten Gebäuden, welche vom Blitz getroffen wurden, noch niemals eine unmittelbare Beschädigung der unter dem Boden befindlichen Gebäudeteile, Umfassungsmauern und Fundamente durch den Blitzschlag beobachtet worden.

Auch die Befürchtung erscheint unbegründet, daß, weil im Hochsommer bei anhaltend trockener Witterung die obere Erdrinde ausgetrocknet ist, ein nicht mit Regen begleiteter Blitz von bloßen Oberflächenleitungen aus keine genügende Ableitung findet. Es ist zunächst zu bemerken, daß Blitzschläge, die nicht von Regen begleitet sind, zu den größten Seltenheiten gehören; aber auch in solchen seltenen Fällen wird ein gut konstruierter Blitzableiter mit der nötigen Anzahl genügend starker Ableitungen, den erforderlichen Metallanschlüssen und im Humus verlegten, großflächigen Leitungen, seinen Dienst nicht versagen.

Immerhin empfiehlt es sich, bei der Anordnung der Oberflächenleitungen die Vorsicht zu gebrauchen, die in der Umgebung des Gebäudes etwa vorhandenen oberflächig gelegenen, dauernd feuchten Stellen zu berücksichtigen und z. B. vorhandene Abflußstellen des Tag- und Abwassers der Gebäude, dauernd beschattete Stellen, ferner solche, welche mit Buschwerk bewachsen sind, sowie die auf der sogenannten Wetterseite gelegenen Stellen, welche vom Gewitterregen am schnellsten befeuchtet werden, und tiefer gelegene Punkte des Terrains, wo das

Regenwasser zusammenläuft, in die Erdleitung einzubeziehen. Doch erscheint es nicht nötig, solche Stellen in ängstlicher Weise bis auf große Entfernungen vom Gebäude aufzusuchen, es wird vielmehr unter der Voraussetzung der Anwendung langgestreckter, großflächiger Erdleitungen im allgemeinen genügen, wenn nur die weniger als etwa 10 m von dem zu schützenden Gebäude entfernten dauernd feuchten Stellen berücksichtigt werden; sind aber den künstlichen Erdleitungen bedeutend überlegene natürliche Erdleitungen, wie z. B. Gas- und Wasserleitungen, vorhanden, so braucht auf eine Einbeziehung feuchter Stellen in der Umgebung des Gebäudes weniger Rücksicht genommen zu werden.

Zur Vergrößerung der erdberührten Oberfläche werden drahtseilförmige Gebäudeleitungen in ihrer unterirdischen Fortsetzung als Erdleitungen zweckmäßig in ihre Einzeldrähte aufgelöst und diese in Abständen von etwa 10—20 cm gleichlaufend nebeneinander verlegt, oder es werden in gleicher Weise besondere Drähte gelegt und mit diesen die aufgelösten Enden der Gebäudeleitungen verbunden.

Häufig ist es vorgekommen, daß Blitzableiter, welche wiederholt Blitzschläge schadlos abgeleitet hatten, dies nicht mehr vermochten, nachdem Gas- und Wasserleitungsröhren in die Gebäude eingeführt waren. Diesem Mangel kann nur durch eine metallische Verbindung des Blitzableiters mit den Rohrleitungen abgeholfen werden. Es gestaltet sich demnach in Städten und Orten mit Gas- und Wasserleitungen die Herstellung der Erdleitungen für Blitzableiter sehr einfach, indem man in der Regel nur die Gebäudeleitungen an jene Rohrleitungen anzuschließen braucht.

Die Befürchtungen einzelner Gas- und Wasserfachmänner, daß die Rohrleitungen durch den Anschluß der Blitzableiter Schaden leiden könnten, haben sich als unbegründet erwiesen. Sie haben daher auch in der Mehrheit ihren früheren Widerstand gegen den Anschluß der Blitzableiter an die Gas- und Wasserleitungen fallen gelassen, und an manchen Orten, wo früher der Anschluß verboten war, wird er jetzt ausdrücklich verlangt wegen der dadurch gewährleisteten größeren Sicherheit der Rohre vor Beschädigungen durch den Blitz.

Erhöhte Vorsicht mag wohl geboten sein bei solchen unterirdischen Rohrleitungen, welche bloß mit Hanf und Teer, und nicht wie sonst mit Blei, gedichtet sind, was aber nur äußerst selten bei einzelnen ganz alten Anlagen vorkommt.

Da die Blitzentladung auch nach der durch den Gewitterregen befeuchteten Erdoberfläche gerichtet ist, empfiehlt es sich, außer dem Anschluß an unterirdische Gas- und Wasserleitungen noch eine besondere Oberflächenleitung anzubringen. Dies geschieht in einfacher Weise dadurch, daß die Zuführung von den unteren Enden der Gebäudeleitungen zu den Rohrleitungen nur etwa 40 cm unter der Erdoberfläche verlegt und erst bei der Anschlußstelle tiefer versenkt wird. Der Anschluß erfolgt am zweckmäßigsten an das Abzweigrohr vom Hauptstraßenrohr. Wenn dies bei fertigen Gebäuden und gepflasterten Straßen mit erheblichen Schwierigkeiten verbunden ist, können die unteren Enden der Gebäudeleitungen zur Not auch durch Einführung ins Innere des Hauses mit dem unteren Ende der im Gebäude aufsteigenden Rohrleitungen verbunden werden. In diesem Fall ist jedoch womöglich an der Rückseite des Hauses noch eine besondere Oberflächenleitung anzubringen.

Die Verbindung des Blitzableiters an seinem unteren Ende mit der Gas- und Wasserleitung genügt im allgemeinen zur Verhinderung des Abspringens des Blitzes nach den oberen Teilen der im Gebäude aufsteigenden Rohrleitungen, und es wird dies um so sicherer der Fall sein, je weiter die Dach- und Wandleitungen des Blitzableiters von den Rohrleitungen entfernt bleiben.

Durch den unteren Anschluß an die Rohrleitungen wird zwar das Zustandekommen von Spannungsunterschieden zwischen den oberen Teilen der Rohrleitungen und den Gebäudeleitungen, die zu Seitenentladungen Veranlassung geben können, eingeschränkt, aber nicht ganz aufgehoben. Man tut deshalb gut daran, die in den Gebäuden befindlichen Gas- und Wasserleitungen, wenn sie den Dachflächen, den unteren Enden von Auffangstangen oder den Blitzableitungen auf mehr als etwa 3 m nahe kommen, auch an ihrem oberen Ende und zwar mittelst eines zum Blitzableiter aufsteigenden Drahtes oder Bandes mit diesem zu verbinden, andernfalls vermeidet man besser mit den Gebäudeleitungen die Nähe der Gas- und Wasserleitungen.

VI. Technische Einzelheiten für die Ausführung von Blitzableitern.

1. Auffangvorrichtungen.

Zu den Auffangvorrichtungen können metallene Stangen, Draht- oder Bandleitungen, metallene Körper oder Flächen von beliebiger Gestalt verwendet werden (vgl. oben S. 15), es genügt, wenn der Blitz an der Einschlagstelle auf irgend ein gut befestigtes Metallstück von solcher Masse trifft, daß es durch den Blitz nicht geschmolzen oder zerstört wird.

Die Auffangstangen können massiv oder hohl, aus Eisen oder einem beliebigen anderen Metall, eckig oder rund hergestellt werden. Sie müssen eine solche Stärke erhalten, daß sie vom Sturm nicht gebogen werden, alsdann sind sie in der Regel auch zur Aufnahme und Ableitung des Blitzes stark genug. Ihre geringste Stärke hat wenigstens den auf S. 57 für Gebäudeleitungen angegebenen Querschnittsmaßen zu entsprechen.

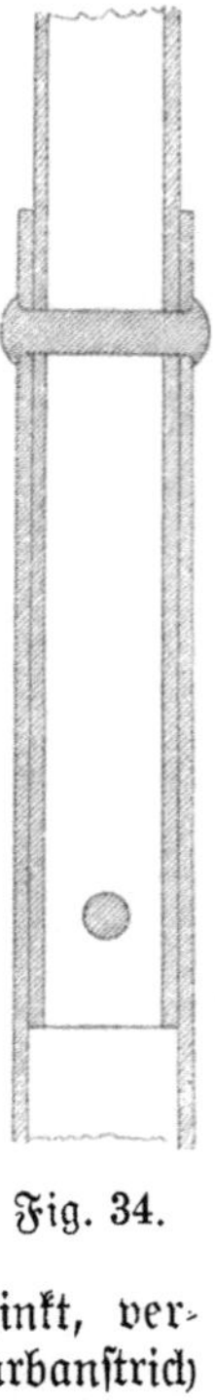

Fig. 34.

Des besseren Aussehens halber macht man hohe Auffangstangen unten etwas stärker als oben. Der untere Durchmesser hat etwa $^1/_{100}$ der Stangenhöhe zu betragen, so daß also z. B. eine 3 m hohe, volle oder hohle Stange unten einen Durchmesser von 30 mm zu erhalten hätte. Zu hohlen eisernen Auffangstangen werden gewöhnlich verzinkte eiserne Wasserleitungsrohre verwendet. Hierbei geschieht die Verbindung der oberen dünneren Rohre mit den unteren weiteren durch sogenannte Reduktionsmuffen (Fig. 33) oder durch Vernietung der ineinander gesteckten Rohre (Fig. 34). Besonders zu empfehlen sind stählerne Mannesmannrohre, welche aus einem Stück verjüngt hergestellt werden.

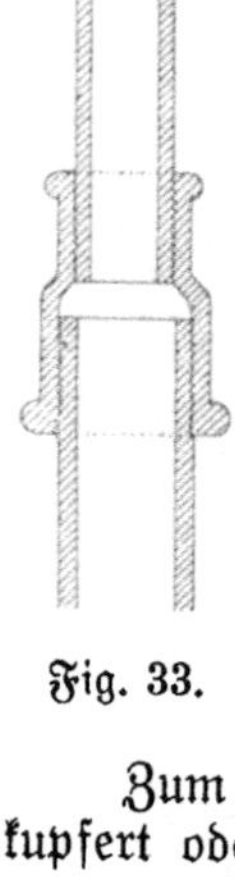

Fig. 33.

Zum Schutz gegen Rost werden eiserne Fangstangen verzinkt, verkupfert oder mit einem haltbaren Teer-, Asphaltlack- oder Ölfarbanstrich versehen. Zur Erhöhung ihrer Dauerhaftigkeit empfiehlt es sich außerdem, die Auffangstangen noch mit einer Hülse aus starkem Zinkblech oder Kupferblech zu umgeben (Bezugsquelle Wilsenthal in Aachen). Das Karlswerk Bunzlau umgibt die Stangen zum Rostschutz mit einer Glashülse. Diese letzteren Vorsichtsmaßregeln erscheinen da geboten, wo die Stangen der zerstörenden Wirkung von Rauchgasen und Säuren (in chemischen Fabriken) in besonderem Maße ausgesetzt sind.

Ebenso wie die Form der Auffangvorrichtungen überhaupt beliebig gestaltet werden kann, so ist es auch unwesentlich, wie die Auffangstangen oben endigen, ob spitzig, stumpf oder kugelförmig. Es ist nur nötig, daß hohle Auffangstangen zur Verhinderung des Eindringens von Regen oben in irgend einer Weise gut und dauerhaft geschlossen werden (Fig. 35).

In den Fällen, wo die Gebäudeleitung nicht unten an der Auffangstange befestigt, sondern im Hohlraum derselben bis zum oberen Ende emporgeführt wird, kann dieselbe zugleich den Verschluß der oberen Öffnung bilden. Ihre Befestigung geschieht mittelst einer oder zweier Klemmschrauben, die Dichtung des verbleibenden Zwischenraums mittelst Bleiausguß oder -Verstemmung (Fig. 36). Bei Rohren von größerem Durchmesser empfiehlt sich die Anwendung einer Kappe oder Reduktionsmuffe (Fig. 37).

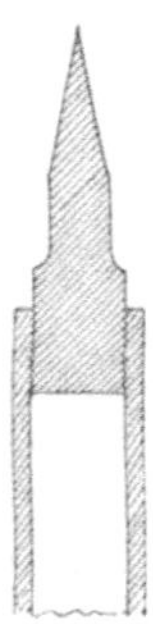
Fig. 35.

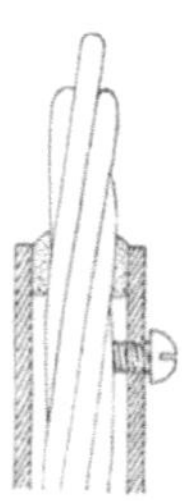
Fig. 36.

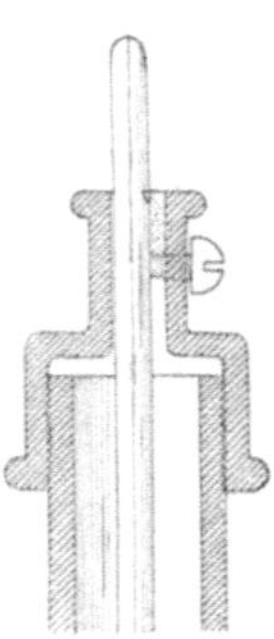
Fig. 37.

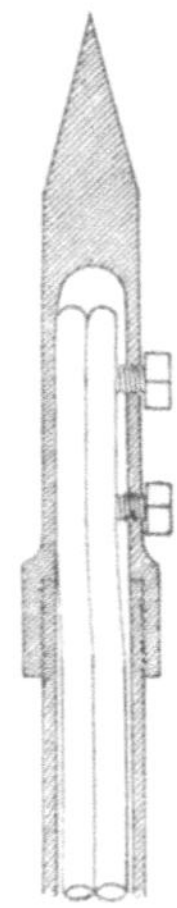
Fig. 38.

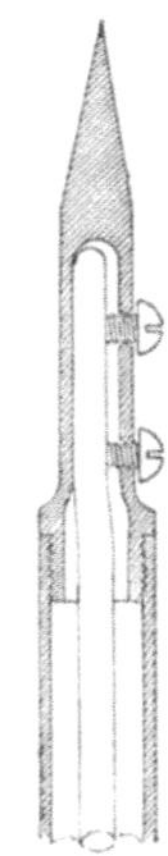
Fig. 39.

Wenn auf schönes Aussehen Wert gelegt wird, geschieht der obere Abschluß und die Befestigung der bis zum oberen Ende der Stange geführten Leitung zweckmäßig auf eine der in Fig. 38 oder 39 dargestellten Arten.

Es ist übrigens zu berücksichtigen, daß ein einschlagender Blitz nicht ausschließlich dem im Hohlraum solcher Stangen emporgeführten Leitungsdraht, sondern zum Teil auch der Stange selbst folgt, und daß deshalb Funken dort, wo der Draht die Stange verläßt, und Beschädigungen am unteren Ende der Stange entstehen können, wenn nicht für eine gute metallische Verbindung des Drahtes mit der Stange am unteren Ende der letzteren gesorgt wird. Andernfalls ist wegen der Störung des ruhigen

Abflusses des Blitzes auch ein Abspringen desselben an anderer Stelle zu befürchten.

Die oberen Verschlüsse oder Endigungen der Auffangstangen brauchen nicht blank zu bleiben. Es ist nur nötig, sie bei Anwendung von Eisen wie die Stange selbst gegen Rost zu schützen durch Verzinkung, Verkupferung usw. oder durch einen guten Anstrich.

Befestigung der Auffangstangen.

Hohe Auffangstangen läßt man wie in Fig. 40 in den Dachraum hineinragen und befestigt sie mittelst Überkloben und Mutterschrauben an den Sparren und Zangen oder an seitlich an die Sparren genagelten Bohlenstücken.

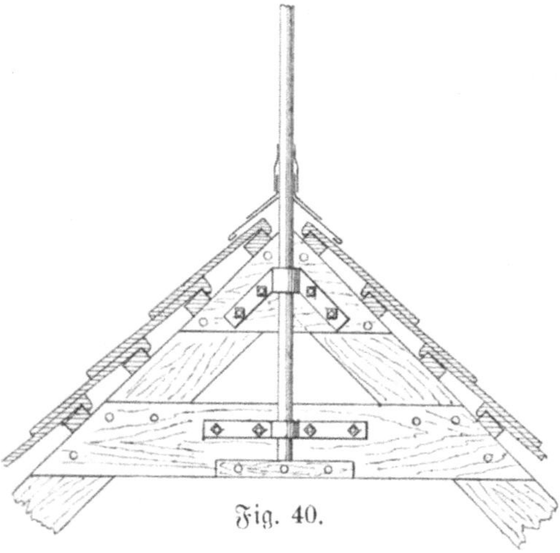

Fig. 40.

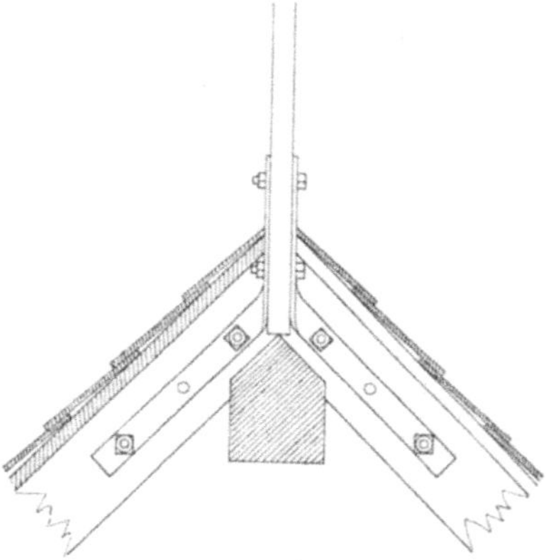

Fig. 41.

Bei vorhandener Firstpfette geschieht die Befestigung mittelst Flacheisenlaschen oder Gabeln, welche an die unteren massiven Teile der Auffangstange angeschweißt oder geschraubt und an den Sparren durch Schraubenbolzen verschraubt werden (Fig. 41).

Eine einfache und bei Stangen bis zu ca. 3 m Höhe genügend solide Befestigung erhält man, wenn man die Firstpfette zur Durchführung der mit einem Schraubengewinde zu versehenden Stange durchbohrt und die letztere mittelst 2 Mutterschrauben und Deckplättchen festschraubt. Zu weiterer Sicherheit kann die Stange auch noch mittelst eines Überklobens an den Sparren befestigt werden (Fig. 42).

Bei Turmdächern werden am unteren Ende der eisernen Auffangstange 2 bis 4 starke Laschen aus Flacheisen gabelförmig angeschweißt oder angeschraubt, über den Kaiserstiel geschoben und mit diesem mehrmals verschraubt (Fig. 43). Bei großen und schweren Stangen empfiehlt es sich, zu weiterer Sicherung außen um die Gabeln herum noch einige

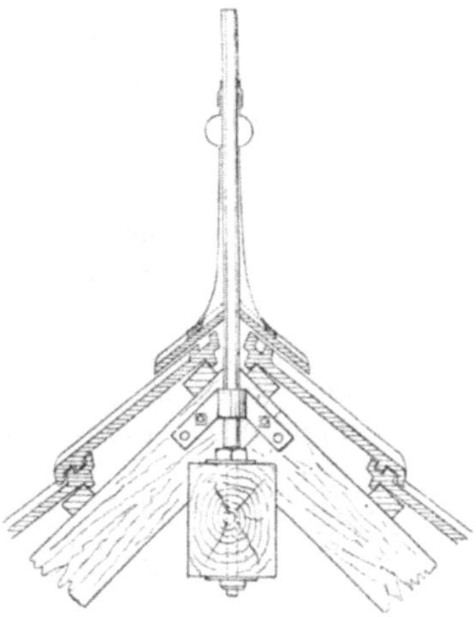

Fig. 42.

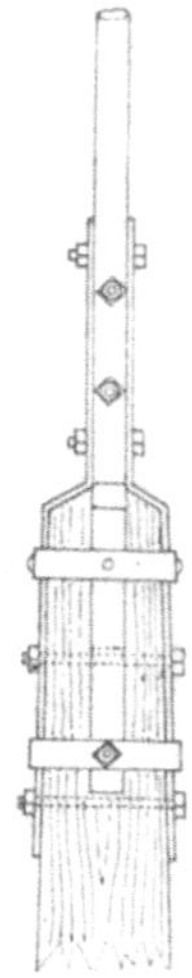

Fig. 43.

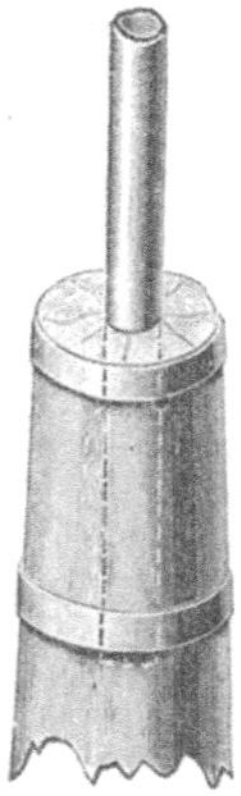

Fig. 44.

schmiedeeiserne Ringe zu ziehen. Bei kleineren Auffangstangen genügt eine Befestigung wie in Fig. 44. Die Eisenringe werden mittelst je drei Holzschrauben befestigt. Ganz kurze Auffangstängchen an den Giebeln von Satteldächern (Fig. 45) können auch nur mittelst einer unten angebrachten Spitze in die Sparren getrieben werden.

Die Befestigung der Auffangstangen würde mit alleiniger Berücksichtigung der guten Blitzableitung am besten ganz außerhalb des Dachraums erfolgen. Bei tief in den Dachraum hinabreichenden Auffangstangen ist nämlich ein Überspringen des Blitzes vom unteren Ende der Auffangstange auf etwa vorhandene benachbarte Metallmassen möglich, und es kann, wenn der Blitz auf diesem Weg mit entzündlichen Stoffen in Berührung kommt, ein Brand entstehen. Es ist deshalb in solchen Fällen vom unteren Ende der Auffangstange in absteigender Richtung eine metallische Verbindung mit

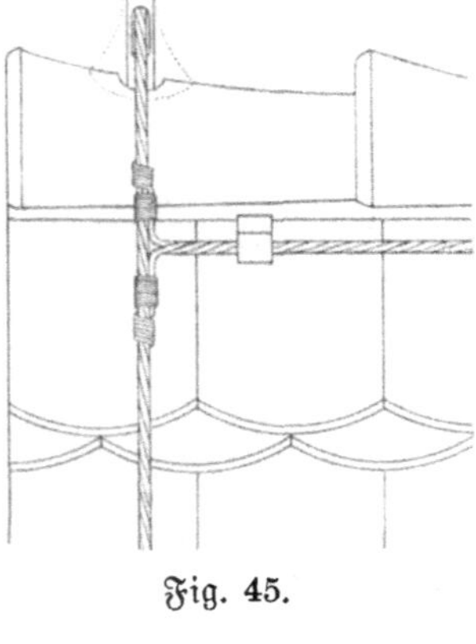

Fig. 45.

den außen verlaufenden Ableitungen bzw. mit den an dieselben angeschlossenen inneren Metallmassen herzustellen.

In allen Fällen sind die Durchdringungsstellen der Auffangstangen durch die Dachflächen gegen das Eindringen des Regens mittelst Trichtern (Stiefeln) aus Zinkblech, Walzblei oder Kupfer gut zu dichten. Die Schwankungen der Stange beim Sturm verursachen auch an ihrem unteren Ende kleine Bewegungen, welche bei der Anordnung der Eindichtung berücksichtigt werden müssen. Bei Ziegel-, Schiefer- und Blechdächern verfährt man etwa wie in Fig. 46. An den lose über die Stange geschobenen Zinkblech-Stiefel *a* wird unten ein Walzbleiblech *c* angelötet, welches möglichst dicht schließend der Form der Dachflächen angepaßt wird. Der Stiefel *a* wird oben durch einen kleinen an die Stange gut angelöteten Trichter *b* aus Blei oder Zinkblech überdeckt. Der Stiefel *a* kann beliebig profiliert oder ornamentiert werden.

Bei kleineren und gut befestigten Stangen, welche Schwankungen weniger ausgesetzt sind, kann man sich damit begnügen, den Walzbleitrichter *c* unmittelbar mit der Stange zu verlöten (Fig. 47). Häufig werden auch ganz aus Zinkblech bestehende Stiefel wie in Fig. 48 u. 49 verwendet. Der obere Abschluß geschieht mittelst eines besonderen Trichters wie in Fig. 46.

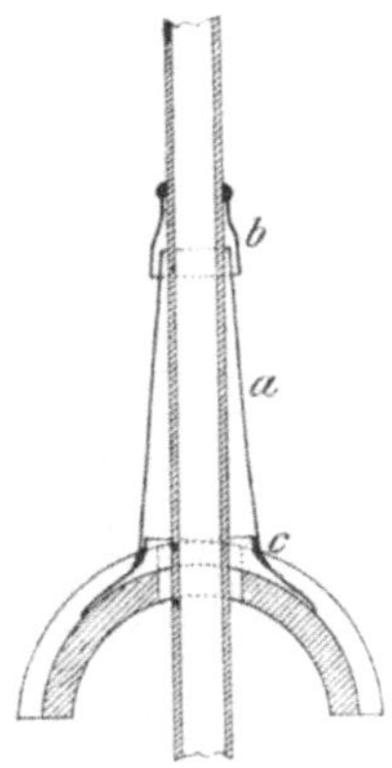

Fig. 46.

Besondere Sorgfalt ist auf die Herstellung der Dichtung bei Holzzementdächern zu legen.

Auf der ersten Papierlage wird eine ca. 50/50 cm große Zinkblechplatte mit Nägeln befestigt und mit den folgenden Papierlagen überdeckt

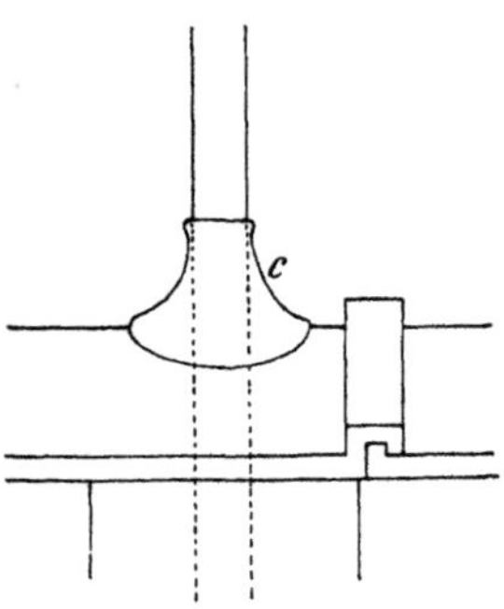

Fig. 47.

Fig. 48.

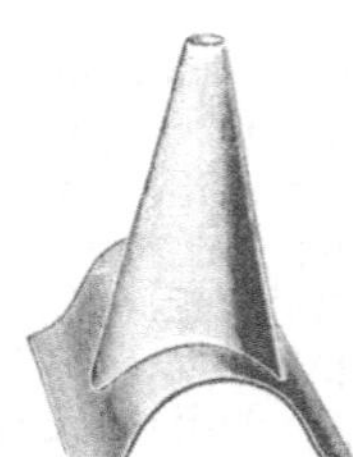
Fig. 49.

(Fig. 50). In der Mitte der Platte wird eine konische Röhre aus Zinkblech mit einer für die Durchdringung der Stange genügenden Weite aufgelötet. Mit dieser Hülse wird über der Kiesschicht ein Trichter verlötet, welcher das Regenwasser möglichst von der Durchdringungsstelle entfernt halten soll. Die konische Röhre wird wieder mittelst eines an die Auffangstange gelöteten kleinen Trichters *b* aus Walzblei oder Zinkblech überdeckt. Da trotz aller Vorsicht die Durchdringungen von Holzzementdächern mehr oder weniger wunde Stellen bilden, welche man soviel wie möglich zu vermeiden sucht, werden auch vielfach die Auffangstangen mit einem breiten Fuß aus Eisen oder Stein versehen und ohne weitere Befestigung auf die Kiesschicht des Holzzementdachs gestellt. Damit wird auch die auf S. 38 erwähnte Möglichkeit des Abspringens des Blitzes vom unteren Teile der Auffangstange ins Innere des Gebäudes beseitigt.

Senkrechte eiserne Flaggenstangen können natürlich ohne weiteres als Auffangvorrichtungen dienen, bei hölzernen Flaggenstangen braucht nur der Leitungsdraht bis zum oberen Ende der Stange geführt zu werden.

Über die Befestigung der Gebäudeleitungen an den Auffangstangen siehe S. 68.

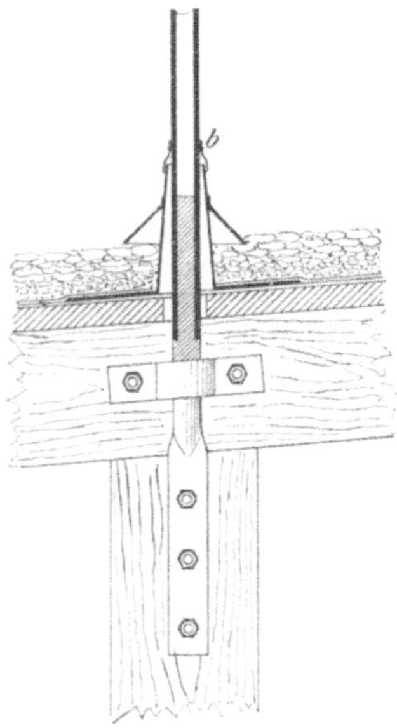

Fig. 50.

Auffangstangen an Fabrikschornsteinen.

Damit die Auffangstangen weniger von den Rauchgasen angegriffen werden, bringt man sie zweckmäßig nicht über der Mitte, sondern auf der der herrschenden Windrichtung zugekehrten Seite des Schornsteins an.

Die Befestigung der Stange am Schornsteinmauerwerk geschieht durch zwei starke Mauerbolzen mit Schraubengewinden auf der einen und Rohrschellenendigungen auf der anderen Seite. Diese Bolzen werden durch kräftige Flacheisenschienen oder Eisenplatten und Mutterschrauben so mit dem Schornstein verbunden, daß der Druck der Stange auf einen größeren Teil des Schornsteinmauerwerks verteilt wird (Fig. 51 u. 52). Wegen der blitzanziehenden Wir-

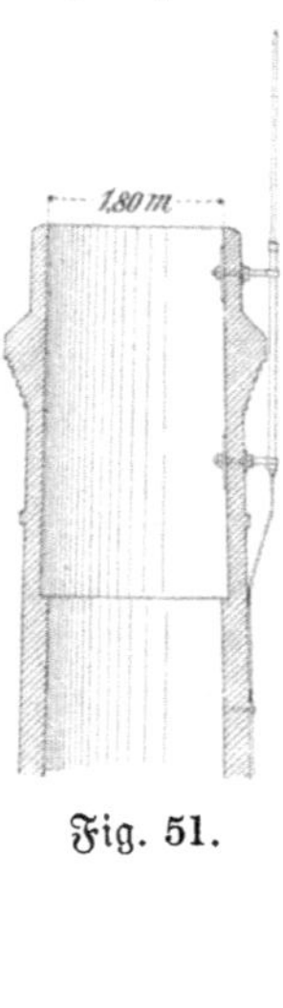

Fig. 51.

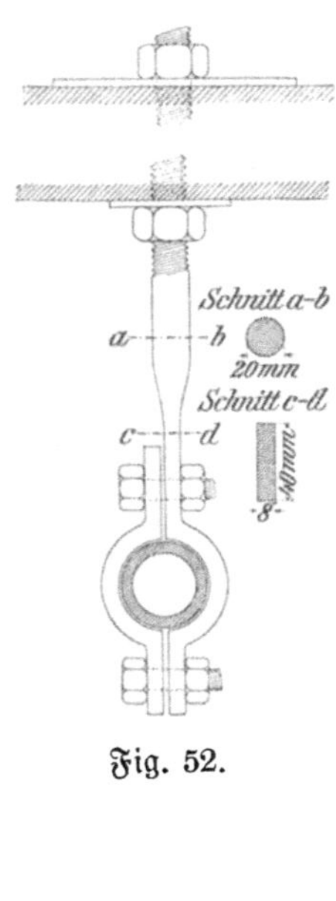

Fig. 52.

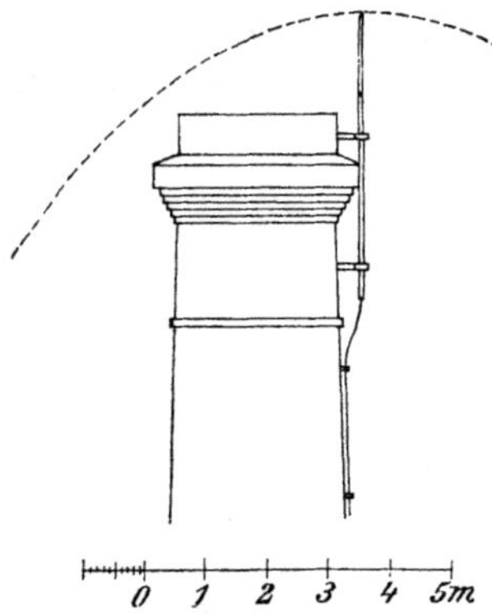

Fig. 53.

kung, warmer Rauchgase und der inneren Rußschicht kann es bei großen Fabrikschornsteinen leicht vorkommen, daß statt der Auffangstange der Schornsteinkopf selbst getroffen wird. Es ist deshalb darauf zu achten, daß kein Teil des Schornsteinmauerwerks die Grenze des Schutzraums erreicht (Fig. 53).

Dampfkesselschornsteine, welche ganz aus Eisenblech bestehen, bedürfen natürlich keiner besonderen Auffangvorrichtung und Ableitung. Wegen ihrer blitzanziehenden Wirkung und zum Schutz der umliegenden Gebäude empfiehlt es sich aber, sie mit einer Erdleitung zu versehen.

Auffangvorrichtungen an Hausschornsteinen.

Der Schutz der Schornsteinköpfe, welche, soweit sie sich nicht innerhalb des Schutzraums einer Firstleitung befinden, nächst den Giebelspitzen die bevorzugtesten Angriffsstellen des Blitzes sind, kann auf verschiedene Weise erfolgen. Bei den Hausschornsteinen gewöhnlicher Größe mit ge-

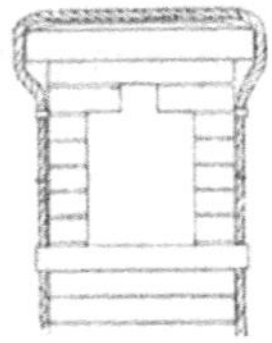
Fig. 54.

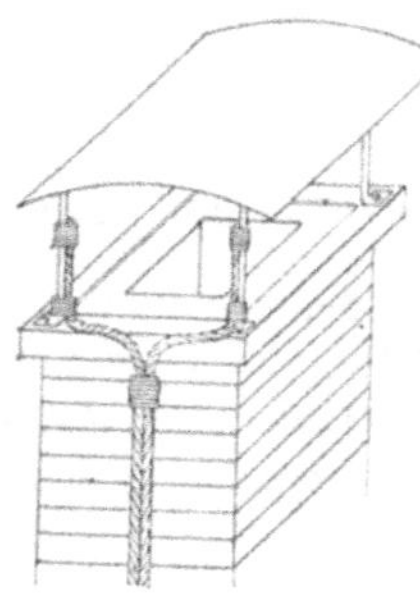
Fig. 55.

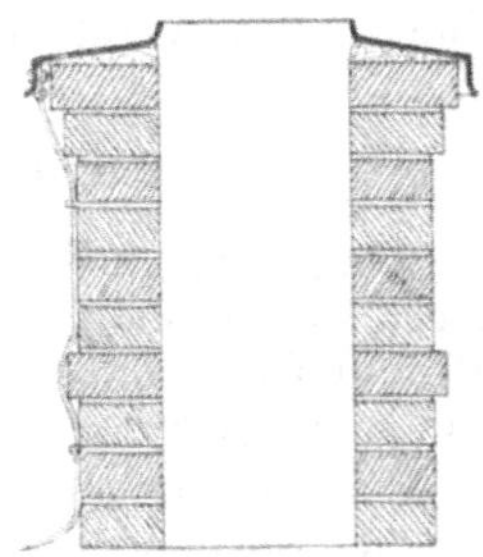
Fig. 56.

schlossener Deckplatte genügt es schon, eine Drahtseilleitung wie in Fig. 54 quer über die Deckplatte zu führen, wobei der eine Strang von der Firstleitung oder einer sonstigen Dachleitung abzweigen und der andere wieder zu derselben zurückführen oder als besondere Ableitung dienen kann. Die Befestigung geschieht mittelst Rohrhaken oder Mauerhaken, welche unter Zuhilfenahme von Eichenholzdübeln in die Mauerfugen eingetrieben oder mit Steindollen versehen und in das Mauerwerk einzementiert werden. Es darf hierbei mit Sicherheit angenommen werden, daß der Blitz nicht etwa eine Kante oder Ecke der Schornsteindeckplatte trifft, sondern daß er durch die Metalleitung angezogen und ausschließlich von derselben aufgefangen wird.

Geeignet zur Aufnahme des Schlages erscheinen auch die bei einfachen ländlichen Bauten häufig angewendeten schmiedeeisernen Schornsteindeckel (Fig. 55). Das Ableitungsseil kann hier an den senkrechten eisernen Stützen mittelst starken Bindedrahtes befestigt werden, wobei auf eine möglichst großflächige, dichte und feste Berührung zwischen den Stützen und den Ableitungen zu sehen ist.

Besonders empfehlenswert ist die Anwendung gußeiserner Schornsteindeckplatten, wie sie dem Mechaniker Ernst Göbel in Stuttgart durch Reichsmusterschutz geschützt sind (Fig. 56). Ähnliche Deckplatten können an Stelle von Auffangstangen auch bei Fabrikschornsteinen verwendet werden.

Eine gute Auffangvorrichtung wird auch bewirkt durch die Abdeckung der Schornsteinköpfe mit Zinkblech, verzinktem oder verbleitem Eisenblech, wie sie häufig ohnedies zum Schutz gegen Verwitterung des Schornsteinmauerwerks oder steinerner Deckplatten angewendet wird.

Bei Vorhandensein von Blechrohraufsätzen genügt es, das Leitungsseil ein oder besser mehrere Male um das Blechrohr unter dichter Berührung desselben zu schlingen. Zu empfehlen ist außerdem die Befestigung mittelst einer angenieteten Kappe aus verzinktem Eisenblech, mit welcher die Leitung zuvor verlötet worden ist (Fig. 57).

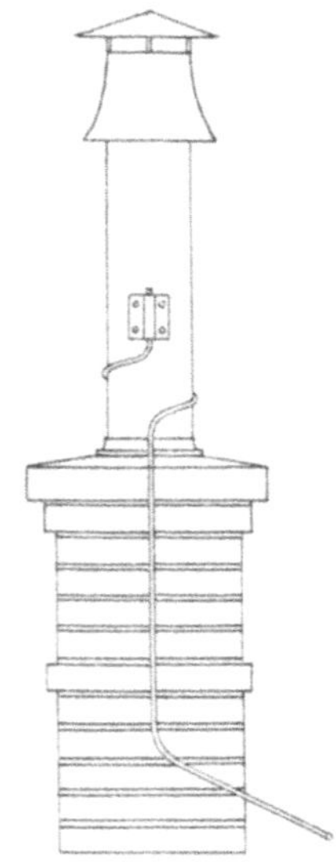

Fig. 57.

Bei Verwendung steifen Leitungsmaterials (Massivdraht) kann die senkrecht am Schornsteinkopf emporgeführte Leitung selbst als Auffangstange dienen, indem man sie 20—30 cm über der Deckplatte endigen läßt (Fig. 58). Wenn hierbei die letzte Befestigung unmittelbar unter der Deckplatte oder auf derselben angebracht wird, so bleibt der Leitungsstrang, auch wenn er aus nicht zu schwachem Eisendrahtseil oder Bandeisen besteht, ohne weitere Hilfsmittel senkrecht stehen und besitzt die nötige Steifheit, um den Einwirkungen des Sturmes zu widerstehen. Bei dünnen Kupferbandleitungen wird die erforderliche Steifigkeit in einfacher Weise durch schraubenförmige Drehung des den Schornsteinkopf überragenden Teiles erzielt (Fig. 59 u. 60).

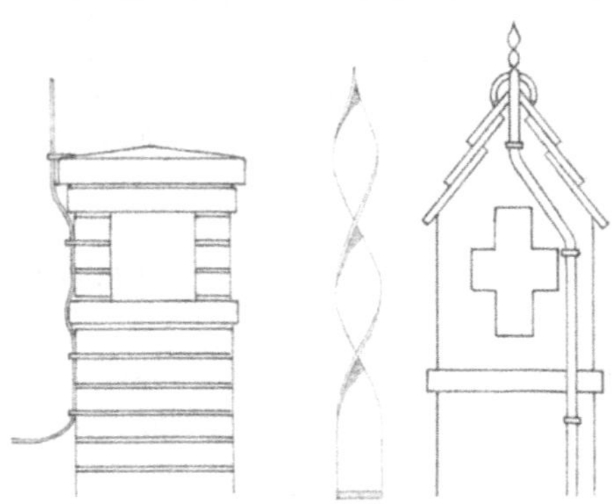

Fig. 58. Fig. 59. Fig. 60.

Will man auch bei biegsamerem Leitungsmaterial nicht auf einen Auffangstangenschutz verzichten, so wird ein besonderes Auffangstängchen benützt (Fig. 61). Die Verbindung der Leitung mit dem etwa 12 mm starken Rundeisenstängchen geschieht auf irgend eine der unter VI. 2b beschriebenen Arten.

Statt massiver Stängchen können auch $^3/_4$ zöllige galvanisierte Eisenrohre verwendet werden, wobei die Leitung am einfachsten bis zum oberen Ende des Rohres geführt und dort wie in Fig. 36 befestigt wird.

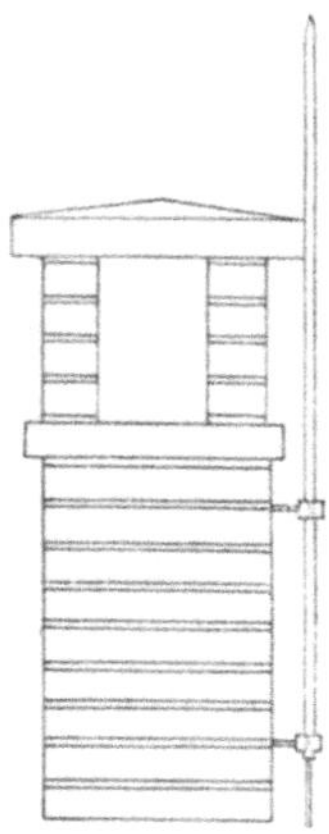

Fig. 61.

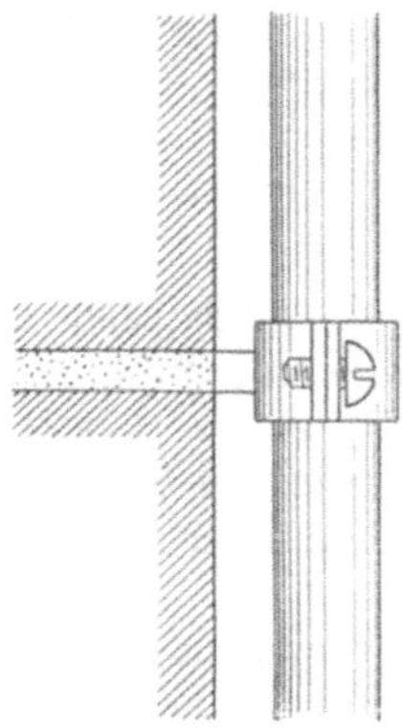

Fig. 62.

Zur Befestigung dieser Auffangstängchen sowohl als auch der unmittelbar als Auffangstangen benutzten Leitungen am Mauerwerk der Schornsteinköpfe dienen verzinkte eiserne Träger mit Rohrschellen (Fig. 62), von welchen der obere womöglich unmittelbar unter der Deckplatte, der andere wenigstens $^1/_2$ m weiter unten in eine Fuge des Schornsteinmauerwerks neben Eichenholzdübel eingetrieben oder besser einzementiert wird. Bei Schornsteinköpfen mit seitlicher Ausströmung des Rauchs bietet die Befestigung des Auffangstängchens unmittelbar unter der Deckplatte in der Regel keinen genügenden Halt, es muß dann wie in Fig. 61 verfahren werden. Die Befestigung kann jedoch auch von der oberen Fläche der Deckplatte aus erfolgen mittelst dort eingelassener eiserner Haken oder mittelst Bindedrahts, welcher durch einen Bleidübel festgehalten wird.

In solchen Fällen ist auch das Auffangstängchen oder die Leitung nicht an der seitlichen Öffnung, sondern neben derselben am Mauerwerk und womöglich auf der der herrschenden Windrichtung zugekehrten Seite emporzuführen, damit das Metall von den ausströmenden Rauchgasen weniger angegriffen wird.

Auffangleitungen.

Die Auffangvorrichtungen der Dachkanten (Firstkanten und bei flachen Dächern auch der Giebel-, Grat- und Traufkanten) werden am sichersten durch darüber hinweggeführte Metalleitungen gebildet und genügt es, wenn dieselben wenigstens die Stärke, Konstruktion und Befestigung unverzweigter Gebäudeleitungen erhalten (s. VI. 2b). Bei *eisernen* Auffangleitungen kann jedoch bis auf die Stärke der einfach verzweigten Leitungen herabgegangen werden, wenn die Leitungen mit brennbaren Stoffen nicht in unmittelbare Berührung kommen. Die gleiche Stärke erscheint genügend für eiserne Auffangleitungen von Hausschornsteinen.

Kupferleitungen, welche als Auffangleitungen zu dienen haben, sollten aber wegen ihrer leichteren Schmelzbarkeit stets wenigstens die

Stärke unverzweigter Gebäudeleitungen, also eine Stärke von 50 qmm erhalten (s. S. 57).

Da die zur Dichtung der First-, Grat-, Giebel- und Kehlkanten des Dachs verwendeten Blechstreifen aus Eisen-, Kupfer- oder Zinkblech gewöhnlich einen weit größeren als den für unverzweigte Gebäudeleitungen erforderlichen Querschnitt besitzen, so können sie bei genügend festem Zusammenhang nicht bloß als Gebäudeleitungen, sondern auch als Auffangvorrichtungen verwendet werden.

Die Befürchtung, daß durch die erhöhte Wärmewirkung des Blitzes an der Einschlagstelle die darunter befindliche Holzschalung entzündet und ein Brand verursacht werden kann, hat sich wenigstens nach den in Württemberg gemachten Beobachtungen nicht als begründet erwiesen.

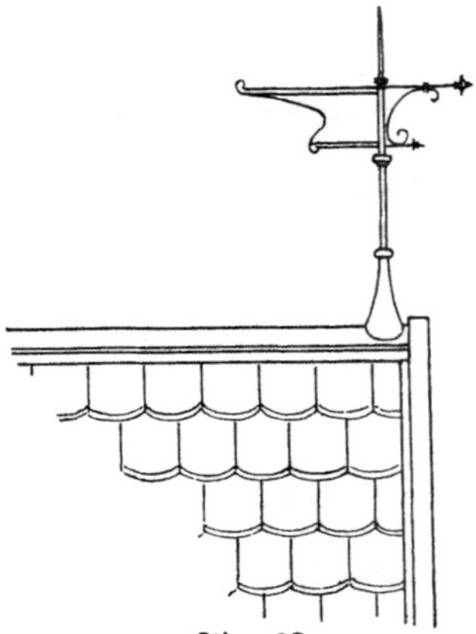

Fig. 63.

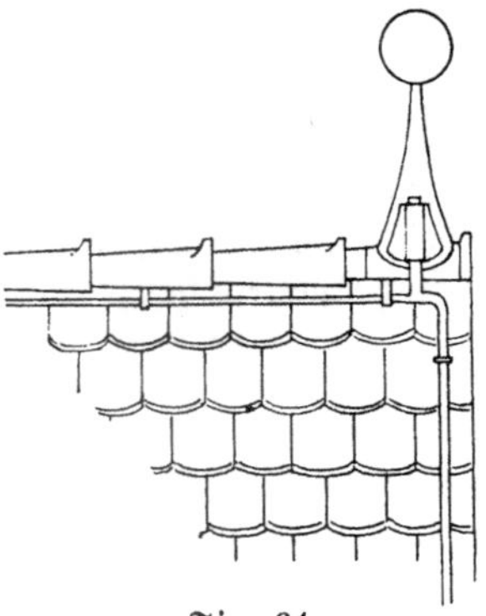

Fig. 64.

Hiernach und nach zahlreichen Blitzphotographien ist anzunehmen, daß wenn dem in breitem Bett die Luft durchbrechenden Blitzstrom an der Einschlagstelle sich große Metallflächen darbieten, er nicht in einem einzigen Punkt, sondern in größerer Fläche angreift, wobei keine erheblich größere Wärmewirkung entsteht, als bei der Fortleitung des Blitzstroms durch Drähte. Man weiß aber, daß schon 5 mm dicke Eisendrähte von 20 qmm Querschnitt höchst selten bis zur Glühhitze erhitzt werden,[1]) während Firstbleche an jeder Stelle gewöhnlich einen Querschnitt von mehr als 300 qmm besitzen.

Beim Blitzeinschlag in die Spitzen von Auffangstangen wird der breite Blitzstrom künstlich zusammengeschnürt, und infolgedessen tritt häufig eine Schmelzung der Kupferspitzen ein, welche neuerdings bis zu einer Dicke des Spitzenkegels von 9 mm beobachtet wurde. Ähnliche

---

[1]) Vergl. S. 23 u. 24 der Denkschrift des Verbandes deutscher Architekten- und Ingenieurvereine über den Anschluß der Gebäude-Blitzableiter an Gas- und Wasserleitungen. (Berlin, W. Ernst & Sohn.)

Wirkungen können entstehen beim Überspringen des Blitzes von einer Metallmasse oder vom Blitzableiter zu einer anderen Metallmasse. Hier kamen allerdings schon so starke Erhitzungen vor, daß selbst Gas- und Wasserleitungsrohre durchgeschmolzen sind. Das gleiche kann geschehen an mangelhaften Verbindungsstellen des Blitzableiters selbst. Naturgemäß ist die Gefahr größer, wenn sich eine solche mangelhafte Stelle zufällig an der oder in unmittelbarer Nähe der Blitzeinschlagstelle befindet, als an Leitungsstellen, wo bereits eine mehrfache Teilung oder Verzweigung des Blitzstroms stattgefunden hat. Es ist deshalb ein besonderes Augenmerk zu richten darauf, daß sich die Auffangleitungen stets in gutem Zustand befinden, daß die Gebäudeleitungen vollkommen dicht an dieselben angeschlossen, und daß unangeschlossene Metallmassen von Auffangvorrichtungen jeder Art ferngehalten werden. Befürchtet man bei dünnen Zinkblechen eine Beschädigung oder Schmelzung, so können sie durch Auflegen eines zweiten Blechs (verzinkten Eisenblechs) an den wahrscheinlichsten Blitzeinschlagstellen leicht verstärkt werden, oder man bringt daselbst kleine Windfahnen, metallene Spitzen oder Knöpfe an (Fig. 63 u. 64). Die Anbringung solcher besonderer Auffangvorrichtungen empfiehlt sich insbesondere an den dem Blitzeinschlag am meisten ausgesetzten Giebelspitzen bei draht-, drahtseil- oder bandförmigen Firstleitungen, welche aus Schönheitsrücksichten neben die Firstziegel gelegt werden (Fig. 45 u. 64).

2. Gebäudeleitungen.

a. Natürliche Leitungen.

Eiserne Dach- und Wandkonstruktionen in Verbindung mit eisernen Deckenträgern und Eisensäulen, sowie die in den Gebäuden aufsteigenden Gas- und Wasserleitungsrohre besitzen in der Regel so große Querschnitte und genügenden Zusammenhang, daß sie ohne weiteres an Stelle besonderer Gebäudeleitungen benützt werden können.

Eine gewisse Vorsicht ist nur bei Hauswasserleitungen aus Blei geboten, diese sollten wegen ihrer leichten Schmelzbarkeit als unverzweigte Ableitungen nie, als verzweigte Leitungen nur dann benützt werden, wenn sie einen Querschnitt von wenigstens 150 qmm und besonders gute Berührungsflächen der einzelnen Rohrstücke aufweisen. Andernfalls ist ihre unmittelbare Nähe mit den Blitzleitungen zu meiden, oder es ist ein besonderer Draht in metallisch dichter Berührung mit den Bleirohren bis zu der in der Erde befindlichen aus Eisen bestehenden Rohrleitung herabzuführen. Metalldächer und Metallwände, sowie die Blechbekleidungen der Dachkanten bei Ziegel- und Schieferdächern bilden ebenfalls gute natürliche Blitzableiter unter der Voraussetzung, daß der metallische Zusammenhang der einzelnen Blechtafeln ein genügend fester und dichter ist.

Bei Metallbedeckungen, welche aus vielen kleinen Blechtafeln, sogenannten Metallfalzziegeln, Metalldachplatten, Blechschiefern, Dachpfannen

u. dgl. bestehen, wo die Berührungsflächen der einzelnen Blechtafeln klein und ebenso wie die Anschlüsse an die First-, Grat- und Kehlbleche und die Dachrinnen nicht dicht sind, wird zwar bei entsprechender Ergänzung der Metallflächen durch Auffangvorrichtungen und Erdleitungen der Blitz in der Regel auch schadlos abgeleitet werden, weil die Mangelhaftigkeit der einzelnen Leitungsverbindungen durch die weite Flächenausdehnung des Leiters und die große Zahl der Berührungsstellen annähernd ausgeglichen wird; kleine Beschädigungen der Dachflächen sind aber nicht ausgeschlossen, welche hauptsächlich darin bestehen, daß durch Erhitzung der Luft und Verdampfung des in die kleinen Zwischenräume zwischen den Blechplatten eingedrungenen Regenwassers einzelne Platten losgelöst oder weggeschleudert werden.

Daß durch die an solchen undichten Stellen auftretenden Funken das darunter befindliche Holzwerk entzündet wird, ist eine große Seltenheit, wie überhaupt nach den in Württemberg bei vielen Hunderten von Blitzschlägen gemachten Beobachtungen ein Brand fast ausschließlich nur dann entsteht, wenn ein Blitzfunke mit l e i c h t entzündlichen Stoffen, wie Heu, Stroh u. dgl. in Berührung kommt (vgl. oben S. 9). Immerhin empfiehlt es sich, bei Neubauten die Vorsicht zu gebrauchen, die dem Blitzeinschlag unmittelbar ausgesetzten oder die Hauptblitzwege bildenden metallenen First-, Grat-, Kehl- und Giebelverwahrungen so herzustellen, daß die einzelnen Blechteile, soweit sie aus praktischen Gründen nicht miteinander verlötet werden, sich möglichst großflächig, dicht und mechanisch fest übergreifen, was gewöhnlich schon behufs wirksamer Verhinderung des Eindringens von Regen und Schnee in den Dachraum und zur Sicherung gegen Sturm geschieht.

Bei Ziegel- und Schieferdächern werden die Blechbekleidungen der First-, Grat-, Kehl- und Giebelkanten, wo solche zur Anwendung kommen, in der Regel schon aus den oben angeführten praktischen Gründen so dicht und fest hergestellt, daß erfahrungsgemäß an denselben beim Blitzeinschlag und Blitzdurchgang keine Beschädigung entsteht.

An nicht gelöteten Stellen sollten die First- und Gratbleche wenigstens 10 cm, die Giebel- und Kehlbleche wenigstens 15 cm dicht schließend übereinandergreifen. Verzinktes oder verbleites Eisenblech erweist sich für die Zwecke des Blitzschutzes geeigneter als Zinkblech, welch letzteres auch für den Regenschutz den Nachteil hat, daß infolge seines abwechslungsweisen Ausdehnens und Zusammenziehens bei Temperaturveränderungen leicht Risse und undichte Stellen entstehen.

Bei ländlichen Bauten kann der Sparsamkeit halber auch Schwarzblech zur Anwendung kommen. Wegen des hier zum Rostschutz erforderlichen, den Leitungswiderstand für galvanische Ströme erhöhenden Anstrichs erweisen sich solche Blechbekleidungen zur Blitzableitung keineswegs ungeeignet, wie mehrere in solchen Fällen schadlos verlaufene Blitzschläge beweisen.

Wo die Kosten nicht gespart zu werden brauchen, ist natürlich auch Kupferblech dem Zinkblech vorzuziehen.

Übrigens sind die bei Dachbedeckungen, Dachrinnen und Abfallrohren aus Zinkblech verursachten Beschädigungen meist geringfügiger Natur, so daß kein Grund vorliegt, ihre Verwendung als Blitzableiter bei vorhandenen Gebäuden, oder wenn sie bei Neubauten aus architektonischen oder anderen Gründen nicht entbehrt werden wollen, als Blitzleitungen zu verschmähen.

Die Verwendung von Blechbekleidungen der Dachkanten zum Blitz- und Regenschutz ist aus praktischen und ökonomischen Gründen besonders zu empfehlen bei ländlichen Neubauten mit Ziegeldächern.

Die Verwahrung der Firste mit verzinktem Eisenblech ist nicht teurer als die Eindeckung mit in Mörtel versetzten Firstziegeln, welche wegen des allmählichen Abbröckelns des Mörtels öftere Reparaturen erforderlich machen, wobei anderweitige Dachbeschädigungen nicht zu vermeiden sind, während gut im Zinkbad verzinktes Eisenblech erfahrungsgemäß einen sehr dauerhaften, vollkommen dichten Abschluß der Firste gegen das Eindringen des Regens und Schnees und gegen frühzeitiges Verfaulen des Holzwerks bildet.

Firstbekleidungen.

Die Firstbekleidungen werden bei einfachen Bauten etwa wie folgt hergestellt:

40 cm breite Streifen aus gut verzinktem oder verbleitem Eisenblech Nr. 21, 0,75 mm dick, werden der Dachneigung entsprechend abge-

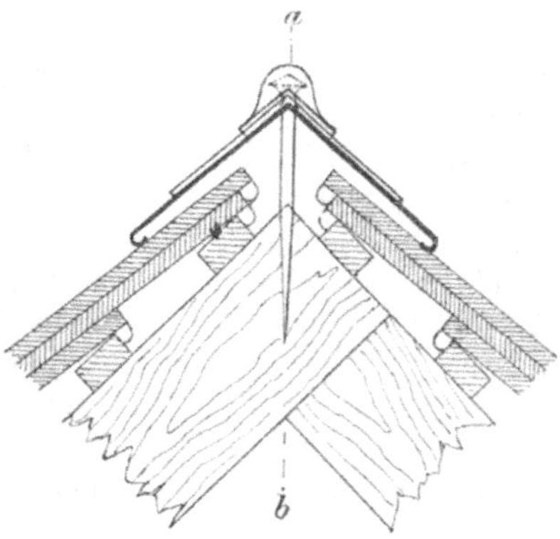

Fig. 65.

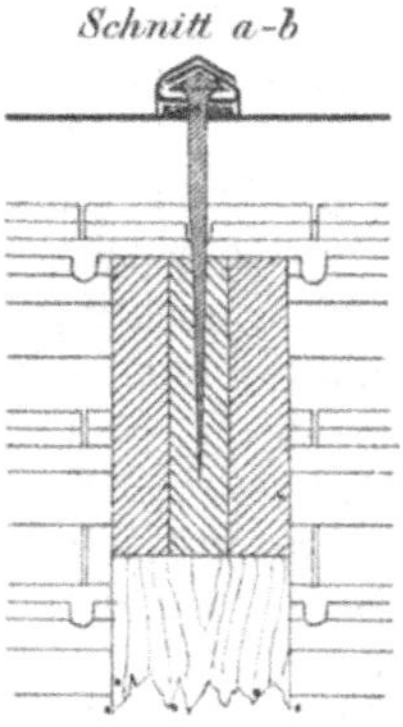

Fig. 66.

bogen und die Längsränder mit einem Hohlumschlag oder Wulst versehen oder auch nur auf etwa 2 cm senkrecht nach abwärts gebogen (Fig. 65).

Des besseren Aussehens halber und zur Erhöhung ihrer Steifigkeit können die Bleche auch beliebig profiliert werden (Fig. 67).

Von den 2 m langen Blechtafeln, wie sie im Handel vorkommen, werden je zwei in der Werkstätte zu 4 m langen Stücken mittelst je vier

$2^1/_2$ mm dicker, verzinkter Eisennieten zusammengenietet und mit Zinnlot verlötet. Hierbei sollten sich die Tafeln an den Nähten wenigstens 5 cm übergreifen. Diese 4 m langen Stücke sind auf dem Dachfirst in gleicher Weise miteinander zu vernieten und zu verlöten, andernfalls müssen die Tafeln auf wenigstens 10 cm Länge dicht übereinandergreifen, was mittelst der Hohlumschläge oder Wulste an den Längsrändern der Tafeln in Verbindung mit der Befestigung der Blechtafeln an jedem Dachsparren zu erreichen ist. Diese Befestigung geschieht wenigstens an jedem zweiten Dachsparren mittelst winkelförmig abgebogener, verzinkter ca. 40×4 mm starker Bandeisen und verzinkter Kreuznägel oder Holzschrauben, welche wenigstens 10 cm tief in die Sparren eingreifen müssen. Die Nagellöcher werden gegen das Eindringen des Regens mittelst über die Nagelköpfe geschlagener und an die Firstbleche angelöteter Dichtungskappen aus ca. $1^1/_2$ mm dickem Walzblei gedichtet (Fig. 66). Bei untergeordneten Gebäuden kann jedoch bei Anwendung großflächiger Nagelköpfe, welche die Durchdringungsstellen vollständig decken, auf die Anbringung solcher Dichtungskappen verzichtet werden. Zur Erhöhung ihrer Steifigkeit können die Bleche auch beliebig profiliert werden.

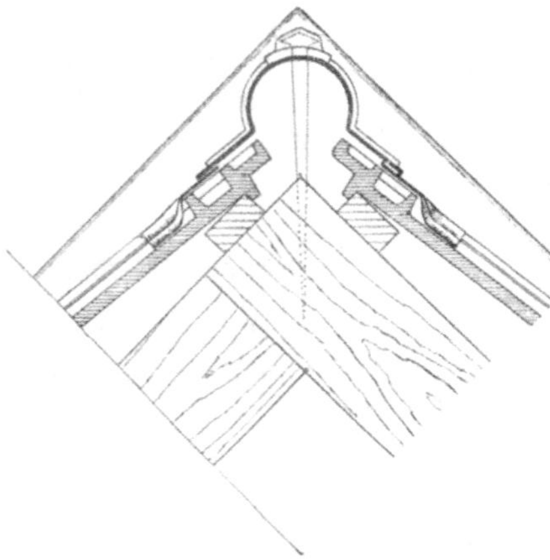

Fig. 67.

Bei besseren Gebäuden, wo man aus Schönheitsrücksichten die winkelförmig abgebogenen Flacheisenträger zu vermeiden sucht, geschieht die Befestigung der Blechtafeln mittelst von unten an die Bleche angenieteter und gelöteter Haften aus verzinktem Eisenblech oder Zinkblech, welche ihrerseits an die Sparren, Dachlatten oder besondere, in der Richtung des Firsts angebrachte Futterhölzer genagelt werden. Es genügt, je zwei solcher Haften an den Überdeckungsstellen der Blechtafeln und zwar jedesmal an der oberen anzubringen, womit zugleich die untere niedergedrückt und festgehalten wird.

Bei Falzziegeldächern werden die zwischen den Firstblechen und den Falzziegeln verbleibenden Öffnungen mittelst 10—12 cm breiter Streifen aus $1^1/_2$ mm dickem Walzblei gedichtet. Die Bleistreifen werden in der Werkstätte mit den Firstblechen, für welche in diesem Fall auch eine Breite von 33 cm genügt, verfälzt und verlötet und sodann auf dem Dach mittelst eines Holzhammers den Erhöhungen und Vertiefungen der Falzziegel genau angepaßt. Bei untergeordneten Gebäuden mit steilen Dächern können diese Bleistreifen entbehrt werden.

Auf das „Schaffen", d. h. das Ausdehnen und Zusammenziehen

bei Temperaturveränderungen, braucht bei Eisenblech keine Rücksicht genommen zu werden, weil jene Veränderungen hier verschwindend klein sind, und ist deshalb bei einem etwaigen Zusammenlöten der Firstbleche in ihrer ganzen Länge bei der oben angegebenen Befestigungsweise ein Reißen nicht zu befürchten.

Die Verwahrung der Gratkanten bei Walmen- und Zeltdächern geschieht in gleicher Weise wie bei den Firstkanten, und gilt insbesondere auch bezüglich der Vorzüge der Blechverwahrung der Gräte vor der Bedeckung derselben mit Gratziegeln das oben S. 46 über die Firstverwahrungen Gesagte.

Ortgang- (Giebelsaum-) Bekleidungen.

Bei ländlichen Bauten werden die Dachvorsprünge an freistehenden Fachwerkgiebeln gewöhnlich dadurch gebildet, daß man die Dachlatten 25—30 cm über die Giebelwand vorstehen läßt. Zum Schutz gegen Abwerfen der über die Giebelwand vorstehenden Ziegelplatten durch den Wind werden an der Unterseite der vorspringenden Latten sogenannte Windbretter befestigt; den vorderen Abschluß bilden die Stirnbretter oder Zahnlatten, oder man begnügt sich auch mit einem bloßen Verstreichen der Lattenzwischenräume mit Kalkmörtel. In allen diesen Fällen wird aber das Eindringen des Regens in die Zwischenräume zwischen Deckmaterial und Windbrettern und ins Innere des Gebäudes nicht oder nicht in genügender Weise verhindert; daher kommt es, daß an solchen Dachvorsprüngen das Holzwerk frühzeitig verfault, wodurch häufige Reparaturen erforderlich werden. Es empfiehlt sich deshalb, nicht bloß bei Neubauten die dem Eindringen des Regens und Schnees besonders ausgesetzten Ortgänge der Giebel mit soliden Blechverwahrungen zu versehen, sondern es sollte auch dahin gewirkt werden, daß die Ortgänge älterer Bauten durch nachträgliche Anbringung solcher Schutzbleche vor dem Ruin geschützt werden. Dazu liegt um so mehr Anlaß vor, als man nun weiß, daß diese Bleche nicht bloß einen guten Regenschutz, sondern auch vorzügliche natürliche Blitzableiter bilden. Man wählt dazu ebenfalls verzinktes oder verbleites Eisenblech Nr. 21 mit 0,75 mm Dicke. Bei gewöhnlichen Ziegeldächern genügt eine Breite der Blechstreifen von 20 cm, bei Falzziegeldächern ist eine solche von 25 cm erforderlich. Die Bleche werden in 2 m langen Tafeln wie in Fig. 68 abgebogen. Um die für

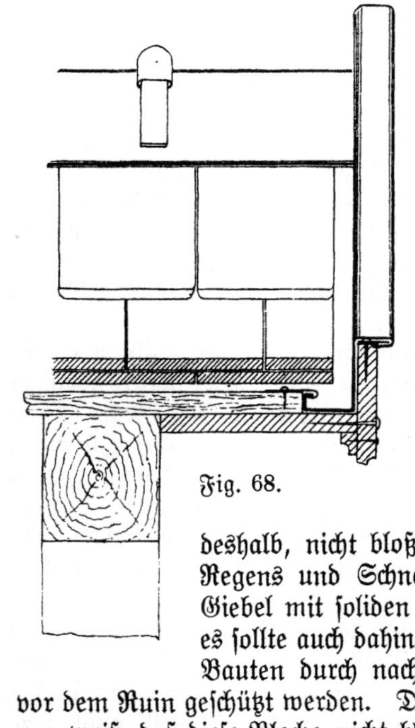

Fig. 68.

den Regenabfluß erforderliche vertiefte Rinne längs der Ortgänge zu erhalten, müssen die Dachlatten ca. 8 cm hinter den Stirnbrettern abgeschnitten und, sofern keine Flugspuren vorhanden sind, die Ortgangbleche unmittelbar auf die Windbretter gelegt werden. Bei Vorhandensein nur 1 m langer Blech-Biegmaschinen werden die Meterstücke der Blechtafeln zunächst in der Werkstätte, einander 5 cm übergreifend, zu 2 m langen Stücken je mittelst dreier verzinkter Eisennieten vernietet und verlötet. Diese 2 m langen Tafeln sind sodann auf dem Dache entweder in gleicher Weise miteinander zu vernieten und zu verlöten, oder sie müssen daselbst derart befestigt werden, daß sie sich auf je wenigstens 15 cm Länge dicht übergreifen. Die einzelnen Tafeln werden hierbei an ihren oberen Enden mit je 2 verzinkten Nägeln an die Latten genagelt. Die seitliche Befestigung auf der Dachfläche geschieht mittelst 6 cm langer, 4 cm breiter Haften aus verzinktem Eisenblech Nr. 22 in Abständen von je $^1/_2$ m und an den Stirnbrettern mittelst durchlaufender Vorsprungstreifen aus gleichem Blech. Die Haften und Vorsprungstreifen werden ihrerseits mittelst langer verzinkter Gurtstifte an die Latten oder Stirnbretter genagelt. Die Befestigung der Ortgangbleche an den Stirnbrettern kann auch unmittelbar mittelst verzinkter Nägel erfolgen, über deren Köpfe sodann zur Regendichtung Kappen aus Zinkblech oder verzinktem Eisenblech, sogenannte Buckeln, zu löten sind.

Damit die Verzinkung nicht losspringt, sind bei verzinkten Blechen zu scharfe Biegungen und Fälze zu vermeiden. Alle Fälze und Ecken sollten mindestens $^1/_2$ cm, besser 1 cm rund gebogen werden.

Kehlverwahrungen.

Zu denselben sollten Tafeln aus verzinktem Eisenblech Nr. 20 mit einer geschnittenen Breite von wenigstens 50 cm verwendet werden. Das Abbiegen der 2 m langen Streifen nach der Dachform kann ohne Biegmaschine mittelst eines Dielen- (Bohlen-) stückes geschehen. Die Ränder erhalten 2 cm breite Hohlfälze, und müssen sich die einzelnen Tafeln auf je wenigstens 15 cm, besser 20 cm dicht überdecken. Die Befestigung an den Dachlatten geschieht am oberen Ende der Tafeln mittelst je vier verzinkter Nägel, außerdem seitlich mittelst Haften in Abständen von je $^1/_2$ m.

Die Anschlüsse an höhere Fachwerkswände, z. B. bei Querhäusern und stehenden Dachfenstern, sowie an höhere Mauern werden aus verzinktem Eisenblech Nr. 21 in einer Breite von wenigstens 25 cm in der üblichen Weise hergestellt.

Zu beachten ist auch hier, daß sich die einzelnen Blechtafeln je wenigstens auf 15 cm Länge dicht schließend überdecken.

Auch bei Schieferdächern werden die Dachkanten am sichersten und dauerhaftesten mit Metallblechen verwahrt und diese zweckmäßig als Blitzableiter benützt. Die Konstruktion ist im allgemeinen dieselbe wie bei Ziegeldächern, nur wird man hier bei der vorhandenen Bretterunterlage mehr von dem schmiegsameren, leichter zu bearbeitenden und zu profilierenden Zinkblech Gebrauch machen. Zinkblech besitzt zwar eine fast doppelt so große elektrische Leitungsfähigkeit wie Eisen; wegen seines niederen Schmelzpunktes empfiehlt es sich jedoch, bei Auffangleitungen und einfachen Ableitungen den Querschnitt nicht geringer als 200 qmm und bei verzweigten Ableitungen nicht geringer als 100 qmm zu nehmen; auch ist hier auf die Bildung großflächiger und dichter Berührungsstellen an den Stößen der Leitungsteile eine besondere Sorgfalt zu verwenden.

Blechbekleidungen aus gewalztem Tafelblei eignen sich wegen der geringen Leitungsfähigkeit und des niederen Schmelzpunktes des Bleies am wenigsten zur Verwendung für Gebäudeleitungen. Geschieht dies aber dennoch, so sollte für Auffangleitungen und einfache Ableitungen ein Querschnitt von wenigstens 300 qmm und für einfach verzweigte Ableitungen ein solcher von wenigstens 150 qmm in Rechnung genommen werden. Gute großflächige und dichte Verbindungsstellen sind auch hier eine Hauptbedingung.

Dachrinnen.

Bei den Kastenrinnen ergibt sich, auch wenn sie aus Zinkblech hergestellt werden, ein so bedeutender Überschuß an Leitungsquerschnitt und ein solcher Zusammenhang ihrer einzelner Teile, daß sie bei beliebiger Konstruktion ohne weiteres als Blitzableiter benutzt werden können.

Die Hängrinnen erweisen sich jedoch für die Regen- und Blitzableitung am geeignetsten, wenn sie aus verzinktem oder mit Ölfarbe gestrichenem verbleitem Eisenblech Nr. 20 oder 21 hergestellt werden. Sie erhalten gewöhnlich einen Umfang von 25—33 cm. Es werden zunächst in der Werkstätte 4 m lange Stücke durch Vernieten und Verlöten der einzelnen Blechtafeln gebildet, wobei die Lötnähte eine Breite von wenigstens 5 cm erhalten sollten. Diese 4 m langen Stücke sind sodann am Dach unter sich in gleicher Weise zu vernieten und zu verlöten. Zur Unterstützung der Rinnen dienen an jedem Sparren befestigte Träger aus ca. 28×5 mm starkem verzinktem Bandeisen.

Regenabfallrohre.

Dieselben können aus verzinktem oder verbleitem Eisenblech Nr. 21 oder auch aus Zinkblech Nr. 11 hergestellt werden.

Da Zinkblechrohre unter den Temperatureinflüssen stark zu leiden haben und, falls sie nicht in unterirdische Rohrleitungen einmünden, im Winter leicht einfrieren und platzen, was bei verzinkten oder verbleiten, gefälzten und gelöteten Eisenblechrohren weniger der Fall ist, und da auch die letzteren bei Blitzschlägen Beschädigungen weniger ausgesetzt sind, so ist deren Verwendung bei Neubauten besonders zu empfehlen. Dem Platzen der Rohre infolge Einfrierens kann übrigens auch bei Verwendung von Zinkblech durch Anwendung von in der Längsrichtung gewelltem Blech vorgebeugt werden. Solche durch Musterschutz geschützte Ablaufrohre aus gewellten Blechen liefert die Firma Joh. Cammerer in Göppingen in Württemberg zu billigen Preisen. Die Regenabfallrohre erhalten gewöhnlich einen Durchmesser von 10—12 cm. Bei solchen aus verzinktem oder verbleitem Eisenblech werden die Längsnähte der einzelnen Rohrstücke in der Werkstätte 1 cm breit gefalzt und gelötet und zu 3—4 m langen Stücken mit je wenigstens 3 cm breiten Lötnähten zusammengelötet. Am Bau werden diese 3—4 m langen Stücke nur mittelst Stecknähten auf je wenigstens 10 cm Länge ineinander gesteckt, wobei auf eine ringsum vollkommene Dichte und feste Berührung zu sehen ist. Die Befestigung mittelst Rohrschellen erfolgt in der üblichen Weise in Abständen von 2—3 m.

Bei Monumentalbauten vermeidet man zuweilen das Herabführen der Regenabfallrohre an der Außenseite des Gebäudes und bringt dieselben in Mauerschlitzen an der Innenseite der Umfassungswände des Gebäudes an. Hierbei werden in der Regel dünnwandige gußeiserne Muffenrohre, sogenannte schottische Rohre, angewendet. Wenn die Dichtung der einzelnen Rohrverbindungen mittelst Bleiausguß erfolgt, so daß ein genügender metallischer Zusammenhang besteht, können auch solche Abfallrohre unbedenklich als Blitzableitungen benützt werden.

Verbindungen.

Für eine metallische Überbrückung etwaiger Zwischenräume mittelst aufgelöteter Kappen aus Zinkblech oder verzinktem Eisenblech ist Sorge zu tragen. Es wird dies insbesondere an den Anschlüssen der Blechbekleidungen an die Dachrinnen erforderlich werden. Um bei Zinkblechverwahrungen den nötigen Spielraum für deren Ausdehnen und Zusammenziehen infolge von Temperaturänderungen zu erhalten, empfiehlt es sich, jene Kappen buckelförmig anzuordnen und den mittleren gebogenen Teil ungelötet zu lassen. Solche Verbindungskappen aus Zinkblech, welche auch bei alten nicht ineinander gefügten Regenabfallrohren Anwendung finden können, sollten bei unverzweigten Leitungen einen Querschnitt von nicht weniger als 200 qmm und bei einfach verzweigten einen solchen von nicht weniger als 100 qmm erhalten.

Allgemein ist zu bemerken, daß überall da, wo ein Anstrich vorgesehen ist, wie dies aus ästhetischen Rücksichten häufig bei den Dachrinnen und Regenabfallrohren der Fall sein wird, verzinktes Eisenblech sich weniger eignet als verbleites, weil der Ölfarbenanstrich auf ersterem nicht gut haftet.

Trifft man metallene Regenschutzvorrichtungen bei bestehenden Gebäuden an, so ist zu untersuchen, inwieweit sie den für Neubauten und besondere Leitungen gegebenen Vorschriften entsprechen. Wenn sie denselben wenigstens annähernd entsprechen, können sie unmittelbar als Blitzableiter benützt werden, andernfalls sind sie zu verbessern, oder es sind besondere Leitungen in möglichst großer Entfernung von jenen mangelhaften natürlichen Leitungen anzubringen.

Wegen unbedeutender Mängel ängstlicherweise auf die Verwendung metallener Dachverwahrungen, Dachrinnen und Abfallrohre für Blitzableiterzwecke zu verzichten, dazu liegt wenigstens bei den Gebäuden gewöhnlicher Art kein Grund vor. Wenn je an einer nicht vollkommenen Verbindungsstelle im Falle des Blitzeinschlags eine kleine Beschädigung entsteht, und nur um kleine Beschädigungen wird es sich in fast allen Fällen handeln, so ist der Schaden mit wenigen Mark (welche die Feuerversicherung ersetzt) schnell wieder repariert. Über solche kleine Mängel kann man sich um so leichter wegsetzen, als ja auch der Blitz nicht jeden Tag einschlägt, vielmehr die meisten Gebäude niemals, die andern während ihres ganzen Bestandes kaum mehr als einmal vom Blitz getroffen werden, man also durch die etwa erforderlich werdenden Reparaturarbeiten nicht oft belästigt wird. Es ist aber überhaupt nicht in das Belieben des Blitzableiterkonstrukteurs gestellt, die metallenen Dachverwahrungen, Dachrinnen und Abfallrohre als Blitzableiter zu benutzen oder nicht, der Blitz wird sie, wenn man ihm auch andere Wege anweist, doch aufsuchen, und es bleibt deshalb nur das eine Mittel, falls man eine Beschädigung ganz verhüten will, sie nötigenfalls zu vollkommenen Blitzableitungen zu verbessern und zu ergänzen.

Eisenbetonbauten.

Bei den in neuerer Zeit immer mehr zur Anwendung kommenden Eisenbetonbauten (System Monier, Hennebique usw.) ist eine große Anzahl starker Rundeisen in die aus Zementbeton bestehenden Wände, Pfeiler, Decken und Dächer eingebettet (Fig. 69 u. 70). Wegen des nicht immer ganz vollkommen metallischen Zusammenhangs der einzelnen Eisenteile und da noch keine Erfahrungen bezüglich ihres Verhaltens im Falle eines Blitzschlags gemacht sind, bestehen in Fachkreisen Zweifel darüber, ob sie ohne weiteres als natürliche Blitzableiter empfohlen werden können.

Der Verfasser hält es für ausgeschlossen, daß im Falle eines Blitzschlags ein erheblicher Schaden an solchen Gebäuden entsteht. Es besteht immerhin so viel Zusammenhang unter den Eisenteilen, daß sich der Blitz ohne Beeinträchtigung der Sicherheit der Konstruktion über das ganze ausgedehnte Metallnetz verzweigen kann, und durch die großflächige Berührung dieses Netzwerks mit den Betonmassen, in welche es eingeschlossen ist, wird auch ein genügend widerstandsloser Übergang des Blitzstromes zur Erde vermittelt. An der Einschlagstelle und ihrer nächsten Umgebung mögen wohl Risse und Abbröckelungen des Betons vorkommen, aber die Entstehung eines Brandes oder gar eine Gefährdung der Sicherheit der Konstruktion durch den Blitz erscheint bei dieser an sich sehr festen und feuersicheren Bauart ausgeschlossen, besonders wenn noch die Vorsicht gebraucht wird, etwa vorhandene Gas- und Wasserleitungen an einigen Stellen an die Eisenteile anzuschließen, und wenn bei der Ausführung mit Rücksicht

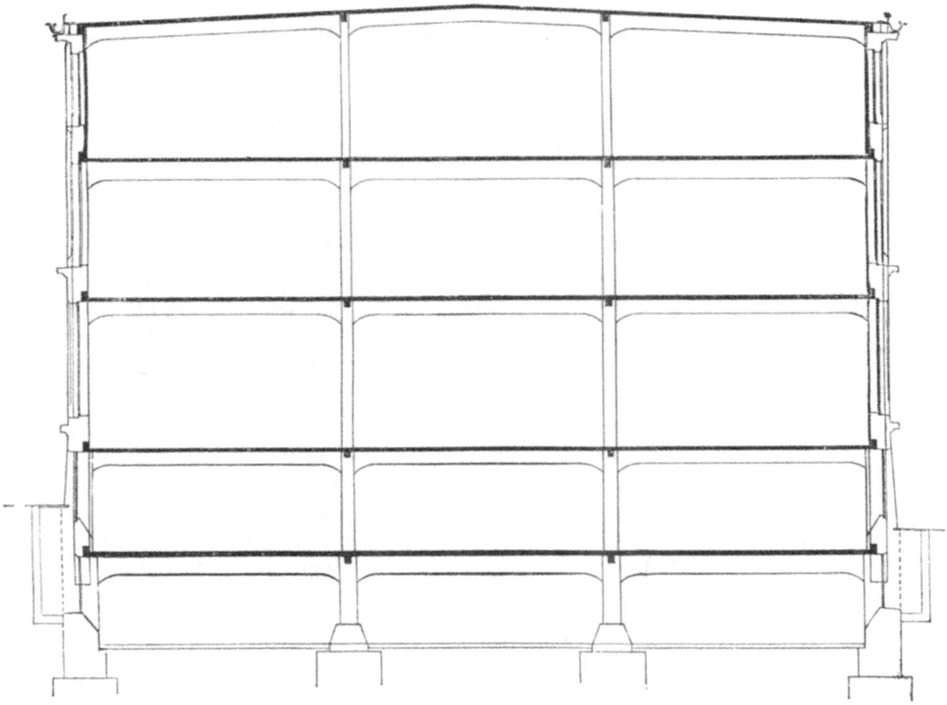

Fig. 69.

auf den Blitzschutz auf einen möglichst guten Zusammenhang der Eisenteile unter sich Rücksicht genommen wird.

Bei Gebäuden mit explosiblem Inhalt, wo selbst kleine Funken verhängnisvoll werden können, werden derartige Konstruktionen wohl schon aus anderen Gründen vermieden, wendet man sie aber doch an, so kann die Sicherheit des Schutzes durch Anbringung besonderer äußerer Blitzschutznetze nach Figur 12 und 13 (Seite 21) erhöht werden.

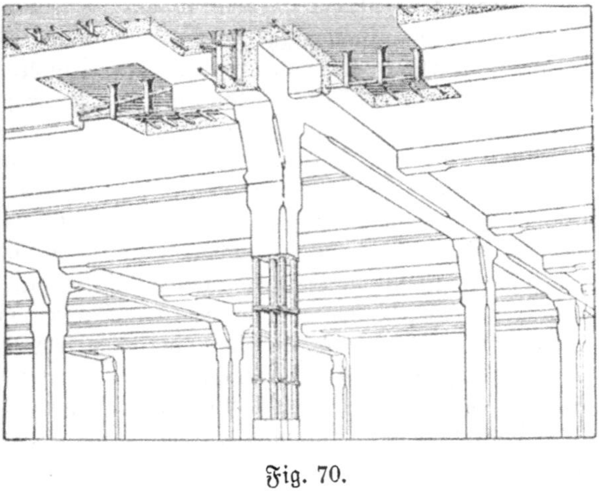

Fig. 70.

b. Besondere Leitungen.

Material.

An das Leitungsmaterial sind folgende Anforderungen zu stellen:

gute elektrische Leitungsfähigkeit,
geringe Schmelzbarkeit,
mechanische Festigkeit gegen Zerreißen,
Dauerhaftigkeit und Wetterbeständigkeit.

Kupfer eignet sich für Blitzableiterzwecke gut wegen seiner guten Leitungsfähigkeit und großen Dauerhaftigkeit. Wegen seiner Biegsamkeit läßt es sich leicht in Draht-, Drahtseil- oder Bandform bearbeiten und montieren. Durch die im Steinkohlenrauch enthaltene schwefelige Säure wird Kupfer leicht angegriffen. Die Dauerhaftigkeit von Kupferleitungen kann durch Verzinnung erhöht werden.

Eisen ist zwar in ungeschütztem Zustand dem Rosten stark unterworfen, seine Dauer kann aber durch gute Verzinkung oder durch einen rostschützenden und wetterbeständigen Teer-, Asphaltlack- oder Ölfarbenanstrich wesentlich erhöht werden. Wegen seines hohen Schmelzpunktes, seiner großen Festigkeit und seiner Billigkeit eignet es sich besonders gut als Blitzableitermaterial.

Das Eisen soll weiches, leicht biegsames Fluß-, Walz- oder Schmiedeeisen sein.

Beachtenswert als Blitzableitermaterial erscheinen auch die Doppelmetalldrähte der oberschlesischen Eisen-Industrie-Aktiengesellschaft in Gleiwitz (auch von Felten & Guilleaume, Mühlheim a. Rh. zu beziehen). Dieselben bestehen aus einer Stahlseele mit Kupfermantel. In der Gestalt von Drahtseilen vereinigen diese Leitungen in sich die Vorzüge großer mechanischer Festigkeit und Dauerhaftigkeit, leichter Biegsamkeit und guter Leitungsfähigkeit.

Aluminium ist an der Luft und im Wasser in hohem Grade widerstandsfähig gegen Oxydationen. Sein elektrisches Leitungsvermögen beträgt ca. 60% des chemisch reinen Kupfers. Sein Schmelzpunkt befindet sich bei 700° C. Seine mechanische Festigkeit ist jedoch gering, Lötungen sind schwierig auszuführen, auch unterliegt es an den Berührungsstellen mit anderen Metallen, wenn sie den Witterungseinflüssen ausgesetzt sind, einer raschen Zerstörung durch elektrolytische Wirkungen, bei der Berührung mit Zink und verzinktem Eisen soll dies jedoch weniger der Fall sein. Von den Rauchgasen wird Aluminium wie Kupfer angegriffen. Aluminiumleitungen stellen sich um etwa $^1/_4$ billiger als Kupferleitungen. Wegen der oben erwähnten Mängel erscheint jedoch die Verwendung desselben zu Gebäudeleitungen nicht sehr empfehlenswert. Näheres über die Eigenschaften des Aluminiums und seiner Legierungen ist von der Aluminium-Industrie-Aktiengesellschaft Neuhausen i. d. Schweiz zu erfahren.

Messing eignet sich nicht gut als Blitzableitermaterial. Wegen seines niederen Schmelzpunktes wäre ein so großer Leitungsquerschnitt erforderlich, daß die Anlagekosten teurer würden als bei Kupferleitungen. Die gleichen Gründe sprechen auch gegen die Anwendung von **Zink, Zinn** und **Blei.** Dagegen können diese Metalle, wenn sie Gebäudebestandteile bilden, bei entsprechendem Zusammenhang und Querschnitt als natürliche Gebäudeleitungen, sowie auch bei Leitungsverbindungen als Muffen, Schrauben, Verbindungsplatten, Kappen, Futter, zu Lötungen oder Verstemmungen zweckmäßige Verwendung finden. Zu Muffen- und Schraubenverbindungen bei Kupferleitungen eignet sich Messing und Bronze (Rotguß) besser als Kupfer, weil die ersteren Metalle durch Gießen leicht in jede Form gebracht werden können, und sich leichter Gewinde an dieselben schneiden lassen als bei Kupfer. Wenn sich Verbindungen zwischen Kupfer und Eisen, wie z. B. beim Anschluß von Kupferleitungen an eiserne Auffangstangen oder eiserne Gebäudeteile, nicht vermeiden lassen, so sind diese Stellen gegen den Zutritt von Feuchtigkeit durch Schutzbleche oder durch einen rostschützenden, wetterbeständigen Anstrich gegen elektrolytische Einwirkungen zu schützen. Solche Anstriche empfehlen sich überhaupt bei allen Anschluß- und Verbindungsstellen, insbesondere aber bei allen Lötstellen. Auch ein Anstrich der ganzen Leitung oder wenigstens das Eintauchen der Leitungsdrähte in Leinöl vor dem Verlegen ist allgemein und hauptsächlich in der Nähe chemischer Fabriken, welchen säurehaltige Dämpfe entströmen, sowie in der Nähe von Schornsteinmündungen zu empfehlen. Ein Anstrich hat unter allen Umständen stattzufinden bei nicht verzinkten Eisenleitungen.

Leitungsquerschnitt.

1. Form des Querschnitts.

Es kann jede beliebige Querschnittsform Anwendung finden, die volle oder hohle, die runde, quadratische oder bandförmige, die Massivdraht- oder Drahtseilform, es kommt nur darauf an, was sich im einzelnen Fall am zweckmäßigsten erweist mit Rücksicht auf die Bauart und Bestimmung des Gebäudes, die besonderen Eigenschaften des Leitungsmaterials, die Form und Länge, in welchen dasselbe im Handel zu beziehen ist, die leichtere oder schwerere Ausführung der Befestigungs-, Verbindungs- und Abzweigstellen, insbesondere aber mit Rücksicht auf die zur Verfügung stehenden Geldmittel.

Kupfer kann zweckmäßigerweise als Band, Massivdraht oder Drahtseil Anwendung finden, weil es in jeder dieser Leitungsformen im Handel in großen Längen zu beziehen ist. Auf diesen letzteren Punkt ist bei besonderen Gebäudeleitungen ein Hauptgewicht zu legen, weil mit der Zahl der Verbindungsstellen die Herstellungs- und Unterhaltungskosten wachsen, und durch mangelhafte Ausführung der Verbindungen die Sicherheit der Anlage beeinträchtigt werden kann. Bandförmige Kupferleitungen lassen sich verhältnismäßig am leichtesten verlegen, sie können unmittelbar auf den Dach- und Wandflächen aufliegen und durch den

Mauerputz verdeckt werden. Bei Kupferbandleitungen genügt schon eine Dicke von 1 mm.

Wegen der sich darbietenden großen Berührungsflächen lassen sich bei bandförmigen Leitern solide Verbindungs-, Abzweigstellen und Metallanschlüsse billig und bequem mittelst Verschraubung ohne Lötung herstellen.

Nicht ganz so günstig liegen die Verhältnisse bei massivem Kupferdraht. Wird er zu straff gespannt, so reißt er leicht bei großer Kälte; wird er nicht angespannt, so läßt er sich schwer gerade legen und sieht bei nicht unmittelbar auf den Dach- und Wandflächen aufliegenden Leitungen nicht gut aus. Dieser Nachteil fällt bei Kupferdrahtseil weg, es kann angespannt den Temperatureinflüssen folgen, ohne zu reißen oder auf die Befestigungs- und Verbindungsstellen nachteilig einzuwirken.

Drahtseil kann im Handel als solches bezogen oder von jedem besseren Seiler aus den Einzeldrähten gewunden werden. Verbindungen und Anschlüsse sind leicht und solid ausführbar. Auch besteht hier die Möglichkeit, durch leicht zu bewerkstelligendes Aufdrehen z. B. ein vierdrähtiges Seil entsprechend der beabsichtigten Leitungsverzweigung in zwei zweidrähtige oder in vier einfache Drähte zu verwandeln.

Band- oder Flacheisen, das in der für Blitzableiterzwecke erforderlichen Stärke bei Felten & Guilleaume in Mühlheim a. Rh. neuerdings auch in größeren Längen bis zu 50 m erhältlich ist, besitzt ähnliche Vorteile wie das Kupferband, doch ist hier, wenn man auf eine längere Dauer rechnen will, eine gute Verzinkung im Zinkbade und eine Dicke von wenigstens 2 mm erforderlich.

Massiver verzinkter Eisendraht von der erforderlichen Stärke ist verhältnismäßig wenig biegsam, was besonders bei der Herstellung von Blitzableitern auf bestehenden älteren Gebäuden wegen der leichten Beschädigung des Dachmaterials als nachteilig empfunden wird. Richtungsänderungen, Verbindungen und Anschlüsse sind bei diesem steiferen Material erschwert.

Da sich die Materialkosten erheblich billiger stellen als bei Kupferleitungen, so ist verzinktes Eisendrahtseil neben verzinktem Band- oder Flacheisen als Material für besondere Gebäudeleitungen überall da zu empfehlen, wo es mehr auf Billigkeit, als auf sehr lange Dauer ankommt.

2. Größe des Querschnitts.

Dieselbe hängt ab von den physikalischen Eigenschaften des Leitungsmaterials und von der Größe der Leitungsverzweigung. Die Leitung muß jedenfalls so stark sein, daß eine Schmelzung beim Durchgang des Blitzes nicht vorkommen kann, es darf aber auch keine so starke Erhitzung eintreten, daß brennbare Gegenstände, welche mit der Leitung in Berührung kommen, entzündet werden, auch muß die Leitung eine solche mechanische Festigkeit besitzen, daß sie den beim Blitzeinschlag auftretenden Erschütterungen und Zugspannungen bei gleichzeitiger Erwärmung zu widerstehen imstande ist.

Da das Eisen bei gewöhnlicher Temperatur einen 6—7 mal größeren Leitungswiderstand besitzt als Kupfer, so glaubte man lange Zeit, eisernen Blitzableitern auch einen 6 mal größeren Querschnitt als kupfernen geben zu müssen.

Später wurde das Querschnittsverhältnis der verschiedenen Metalle bestimmt nach der vom Jouleschen Gesetz abgeleiteten Regel, daß die Quadrate der Querschnitte verschiedener Metalle direkt proportional ihrem spezifischen Leitungswiderstand, und umgekehrt proportional ihrer Schmelztemperatur, ihrer spezifischen Wärme und ihrem spezifischen Gewicht sein müssen, wenn die Metalle sich gleich widerstandsfähig für die Ableitung von Blitzschlägen verhalten sollen.

Hiernach müßten Eisenleitungen ungefähr den $2^1/_2$ fachen Querschnitt von Kupferleitungen erhalten.

Nach den gemachten Erfahrungen und angestellten Versuchen scheint jedoch zur Blitzableitung bei Eisen kein größerer Querschnitt nötig zu sein als bei Kupfer. Es empfiehlt sich aber wegen der rascheren Zerstörung des Eisens durch Rost und bei dessen geringen Materialkosten, Eisenleitungen im allgemeinen doppelt so stark zu halten wie Kupferleitungen.

Nach den vom elektrotechnischen Verein und vom Verbande deutscher Elektrotechniker aufgestellten Leitsätzen über den Schutz der Gebäude gegen den Blitz vom 23. April und 28. Juni 1901 (s. hinten S. 118) sollen verzweigte Eisenleitungen wenigstens 50 qmm, unverzweigte nicht unter 100 qmm Querschnitt erhalten. Für Kupfer genügt die Hälfte; Zink ist mindestens vom $1^1/_2$ fachen, Blei vom 3 fachen Querschnitt des Eisens zu wählen.

Bei Aluminiumleitungen erscheint eine Stärke des Querschnitts von $^3/_4$ derjenigen des Eisens genügend. Doch liegen hierüber noch keine genügenden Erfahrungen vor.

Bei Doppelmetalldrähten (S. 54) kann unter Berücksichtigung der Selbstinduktion, welche den Entladungsstrom vorzugsweise gegen die Oberfläche der Leitung drängt, mit der Querschnittsstärke bis zu derjenigen massiver Kupferdrähte herabgegangen werden. Der letztere Grund spricht auch dafür, drahtseil- und bandförmige Leiter vor Massivdrähten mit ihrer verhältnismäßig geringeren Oberfläche zu bevorzugen.

Unter die angegebenen Querschnittsstärken für verzweigte Leitungen kann nach Ansicht des Verfassers herabgegangen werden bei mehrfach verzweigten Leitungen, welche alle durch eine gemeinsame Erdleitung miteinander verbunden sind, so daß also da, wo dem Blitz zwei Ableitungswege zur Verfügung stehen, annähernd bis auf die Hälfte, bei 4 Ableitungen auf den 4., bei n Ableitungen auf den nten Teil des für unverzweigte Leitungen erforderlichen Querschnitts herabgegangen werden könnte. Doch empfiehlt es sich nicht ganz bis an diese äußersten Grenzen zu gehen und zwar um so weniger, je mehr Leitungen vorhanden sind.

Bei hohen Objekten, z. B. Kirchtürmen und Fabrikschornsteinen, wo Reparaturen erschwert sind, und bei Monumentalbauten jeder Art, wo es auf sehr lange Dauer und weniger auf die Kosten ankommt, insbesondere aber auch bei besonders gefährlichen Objekten, erscheint es zur Erhöhung der Sicherheit angezeigt, die angegebenen Minimalquerschnitte um wenigstens das $1^1/_2$ fache zu erhöhen. Die Erhöhung des Querschnittes kommt stets der Dauerhaftigkeit der Leitung zugute, auch nimmt die Gefahr eines Abspringens des Blitzes in dem Maße ab, als ein Überschuß an Querschnitt und Oberfläche der Leitung vorhanden ist.

Wegen ihrer leichten Montierung und geringen Herstellungskosten sind für verzweigte Leitungen 4 adrige verzinkte Eisendrahtseile mit 4 mm Drahtstärke oder 50 qmm Querschnitt oder Leitungen aus verzinktem Flacheisen von 25/2 mm Stärke insbesondere bei einfachen ländlichen Bauten besonders zu empfehlen. Bei unverzweigten Leitungen können zwei solcher Drahtseile unmittelbar nebeneinander geführt, oder es kann auch ein einziges 7 adriges Drahtseil mit 4 mm Drahtstärke Verwendung finden. Bei Verwendung von Flacheisen ist für unverzweigte Leitungen ein Querschnitt von wenigstens 25/4 mm zu wählen. Bei mehrfach verzweigten Leitungen genügen je nach dem Grad der Verzweigung 3 und 2 adrige Drahtseile oder nur einfache Drähte von der angegebenen Stärke. Statt 4 drähtiger Drahtseile mit 4 mm Drahtstärke können auch 7 adrige mit 3 mm Drahtstärke Verwendung finden. Es ist aber zu beachten, daß bei dünnen Drähten die Dauerhaftigkeit eine geringere ist als bei dickeren. Deshalb sollte bei Eisenleitungen unter eine Drahtstärke von 3 mm, bei Kupferleitungen unter eine solche von 2 mm niemals herabgegangen werden. Bei Verwendung von Flacheisen sollte eine geringere Dicke als 2 mm vermieden werden.

Leitungsverbindungen.

Das Leitungsmaterial ist in möglichst langen ungeteilten Stücken zu verwenden. Längsverbindungen, Abzweigungen, Anschlüsse an Auffangstangen, Gas- und Wasserleitungsrohre und sonstige Metallmassen müssen großflächig, dicht, mechanisch fest und dauerhaft sein. Dies kann auf die verschiedenste Weise bewirkt werden, z. B. durch Zusammenschweißen (bei Eisenleitungen), durch Hart- oder Weichlot, Verschnürung mittelst Bindedraht, Vernietung oder Verschraubung, durch Muffen ohne oder mit Klemmschrauben und durch Rohrschellen.

Nicht geschweißte und nicht gelötete Verbindungen sollen Berührungsflächen von nicht unter 10 qcm erhalten. Das Zusammenschweißen von Eisenleitungen geschieht an den gut abgepaßten Leitungsstücken womöglich schon in der Werkstätte. Zur Ausführung von Schweißungen auf dem Dach werden von der Firma Eichberger u. Leuthi in Stuttgart zweckmäßig eingerichtete Schweißapparate verwendet. Die Schweißung kann auch nach dem neuen Goldschmidtschen Verfahren mittelst Thermit geschehen. Näheres hierüber ist zu erfahren von der allgemeinen Thermitgesellschaft in Essen a. R.

Einfacher und billiger und doch sehr fest sind die Verbindungen der Leitungsstücke mittelst Vernietung und Hartlot oder Schlaglot. Zum Hartlöten von Eisenteilen wird eine Legierung aus gleichen Teilen von Kupfer und Zink verwendet, bei Kupferleitungen kann der Zinkgehalt ein größerer sein. Damit die Verbindung eine feste wird, müssen die Verbindungsflächen vor dem Löten gereinigt und mit einem Stoff behandelt werden, welcher sie bei der Erhitzung vor Oxydation schützt. Hierzu wird gewöhnlich Boraxpulver verwendet. Fig. 71 zeigt die Hartlotverbindung zweier massiver Drähte aus Eisen oder Kupfer. Die aus Eisen bestehende Niete erhält eine Stärke von ca. 5 mm.

Fig. 71.

Fig. 72.

Bei Abzweigungen oder Leitungsanschlüssen an Auffangstangen wird das Ende des abzuzweigenden Drahts auf wenigstens 5 cm Länge flach geschlagen, der Rundung des anderen Drahts oder der Auffangstange angepaßt und mit diesem durch Kupfer oder Messingschlaglot verlötet (Fig. 72).

Das Weichlot, aus 1 Teil Zinn und 1—1,5 Teilen Blei bestehend, findet hauptsächlich Anwendung bei Leitungsverbindungen von Drahtseilen

Fig. 73.

und Drähten aus Kupfer. Zu dem erforderlichen Reinigen der zu verbindenden Teile vor dem Löten wird gewöhnlich sogenanntes Lötwasser verwendet, welches durch Auflösen von Zink in Salzsäure hergestellt wird. Wenn die Säure nach dem Löten nicht durch Abspülen mit reichlichem Wasser vollständig beseitigt wird, ist die Lötstelle der frühzeitigen Zerstörung durch Oxydation ausgesetzt. Es wird deshalb an manchen Orten

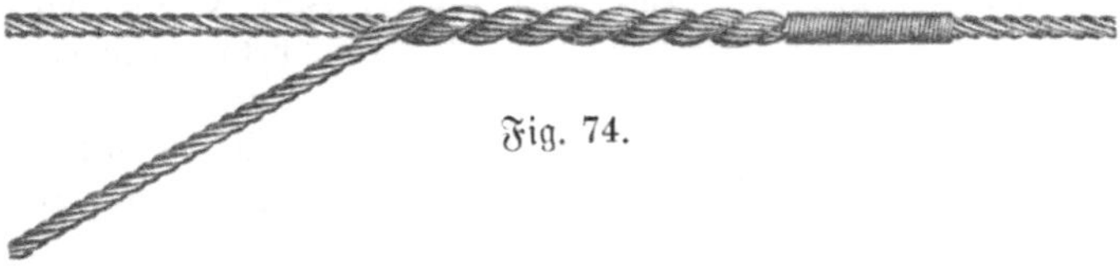

Fig. 74.

die Anwendung sauren Lötwassers zur Herstellung von Lötstellen bei Blitzableitern verboten, und die Auflösung von neutralem Chlorzinksalz in Wasser oder Kolophonium als Lötmittel vorgeschrieben. In allen Fällen ist zum Rostschutz der Lötstellen ein dicker Anstrich derselben in noch heißem Zustand mit Asphaltlack oder einer guten Ölfarbe zu empfehlen.

Die Längsverbindungen von Kupferdrahtseilen werden gebildet, indem man die beiden zu verbindenden Seile auf wenigstens 15 cm

Länge miteinander verschlingt, dieselben mittelst der aufgelösten Drahtenden auf je wenigstens 6 cm Länge miteinander verschnürt und diese Stellen sodann verlötet (Fig. 73).

Abzweigungen werden in ähnlicher Weise hergestellt (Fig. 74).

Fig. 75.

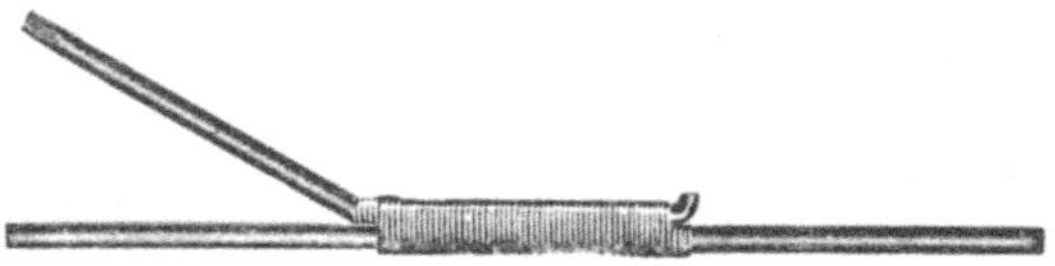

Fig. 76.

Bei massiven Kupferdrähten findet die in Fig. 75 dargestellte Britannia- oder Wickellötstelle von ca. 8 cm Länge Verwendung. Dieselbe ist auf ihre ganze Länge sorgfältig zu verlöten. Der kupferne Bindedraht hat eine Stärke von wenigstens $1^1/_2$ mm zu erhalten. Bei Abzweigungen wird in gleicher Weise verfahren (Fig. 76).

Zur Längsverbindung der oben S. 58 empfohlenen Eisendrahtseile werden die beiden Seilenden aufgelöst, die einzelnen Drähte des einen Seils über den unaufgewundenen Teil des andern geschoben und dann beide Seile auf

Fig. 77.

Fig. 78.

wenigstens 10 cm Länge mit 2 mm dickem, weichem, verzinktem Eisendraht in fest geschlossenen, dicht aneinander liegenden Windungen zusammengeschnürt, wobei man in der Weise verfährt, daß man den Bindedraht zunächst der Länge nach auf die Verbindungsstelle legt, so daß das Ende über dieselbe um einige Zentimeter vorsteht, sodann wird am anderen Ende der Verbindungsstelle mit der Schnürung begonnen. Zum Schluß werden die

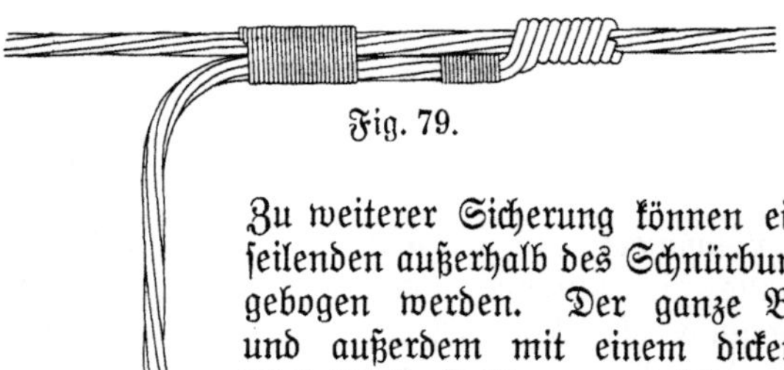

Fig. 79.

beiden Bindedrahtenden mittelst der Drahtzange miteinander verflochten, damit der Bund fest geschlossen bleibt (Fig. 77). Zu weiterer Sicherung können einzelne Drähte der Drahtseilenden außerhalb des Schnürbundes kurz hakenförmig umgebogen werden. Der ganze Bund ist gut zu verlöten und außerdem mit einem dicken Ölfarben-, Teer- oder Asphaltlackanstrich zu versehen. Abzweigungen werden in ähnlicher Weise hergestellt.

Bei Eisendrahtseilen, welche aus mehr als 4 Einzeldrähten bestehen, kann man sich auch damit begnügen, nur 2 oder 3 Drähte aufzulösen und diese in einigen langgestreckten Windungen um das anzuschließende Seil zu schlingen. Im übrigen geschieht die Verbindung mittelst Bindedraht wie oben beschrieben. Bei guter Ausführung des Schnürbundes und einer Länge desselben von wenigstens 20 cm kann die Lötung auch unterbleiben

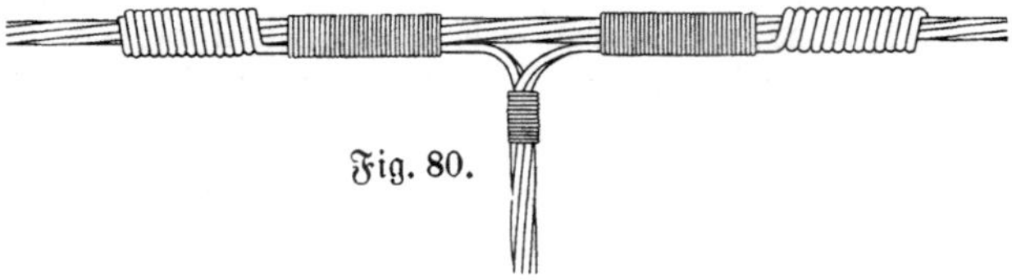

Fig. 80.

oder nur auf die Bindedrahtenden beschränkt werden, um so mehr ist aber das Eindringen von Feuchtigkeit und die Rostbildung, wodurch bald die ganze Verbindungsstelle zerstört würde, durch einen guten, nach Bedarf zu erneuernden Anstrich zu verhindern.

Fig. 81.

Ein gefälligeres Aussehen als die oben beschriebene Längsverbindung vierdrähtiger Drahtseile (Fig. 77) erhält die in Fig. 78 dargestellte. Die 4 Drähte jedes Seils werden hier nicht an einer Stelle, sondern an 4 verschiedenen Stellen bei A, B, C und D abgeschnitten und die beiden Seile so zusammengefügt, daß jedes Drahtende des einen Seils auf ein Drahtende des andern paßt. Die sich so ergebenden 4 Drahtstöße bei A, B, C und D werden alsdann mittelst 2 mm starken verzinkten Bindedrahts auf je wenigstens 6 cm Länge verschnürt und die Verschnürungen verlötet.

Bei Abzweigungen kann wie in Fig. 79 verfahren werden. Das abzuzweigende Seil wird auf eine Länge von ca. 15 cm an das andere

Fig. 82.

Seil gelegt und mit diesem durch einen ca. 6 cm langen Schnürbund verschnürt, außerdem werden die aufgelösten Drahtenden des abzweigenden Seils auf wenigstens 6 cm Länge um das andere Seil gewunden. Das abzuzweigende Seil kann aber auch in 2 Teile geteilt und im übrigen in ähnlicher Weise wie vorbeschrieben mit der Hauptleitung verbunden werden (Fig. 80 u. 81).

Fig. 83.

In Fig. 82 ist eine bei massiven Eisen- und Kupferdrähten, sowie bei Drahtseilen anwendbare Längsverbindung mittelst offener Kupferhülse und Hartlot dargestellt. Durch Eingießen von leicht flüssigem Messingschlaglot in den Schlitz der Muffe wird eine sehr feste Verbindung erzielt. Auf ähnliche Weise können auch Abzweigungen hergestellt werden (Fig. 83). Wenn die Hülsen aus nicht zu dünnem Kupferblech hergestellt werden, genügt auch ein Ausgießen derselben mit Weichlot (Fig. 84 u. 85). Solche Hülsen können bezogen werden von J. W. Hofmann in Kötzschenbroda bei Dresden.

Fig. 86.

Chr. Dietz in München und J. Biechteler in Kempten wenden bei Kupferdrahtseilleitungen die in Fig. 86 dargestellte 12 cm lange Muffe aus Rotguß an. Durch die umgebogenen Drahtenden werden die zu verbin-

Fig. 84.

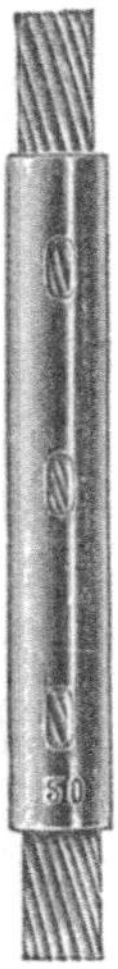

Fig. 85.

Fig. 87.

denden Seile in der konisch geformten Muffe festgehalten. Der verbleibende Hohlraum wird durch den vorhandenen Schlitz mit Weichlot oder Blei ausgegossen. Bei Eisendrahtseilen können ähnliche Muffen aus verzinktem Gußeisen verwendet werden. Es genügt hier, die Seile an den Enden auf eine kurze Strecke aufzulösen und den verbleibenden Zwischenraum durch ein in der Mitte der Muffe angebrachtes rundes oder ovales Loch mit Blei oder Lötzinn auszuziehen (Fig. 87).

Fig. 88.

Zu Abzweigungen lassen sich vorteilhaft ⊥förmige Muffen wie in Fig. 88 verwenden, wobei nur der für die Abzweigung erforderliche Ansatz konische Gestalt zu erhalten braucht.

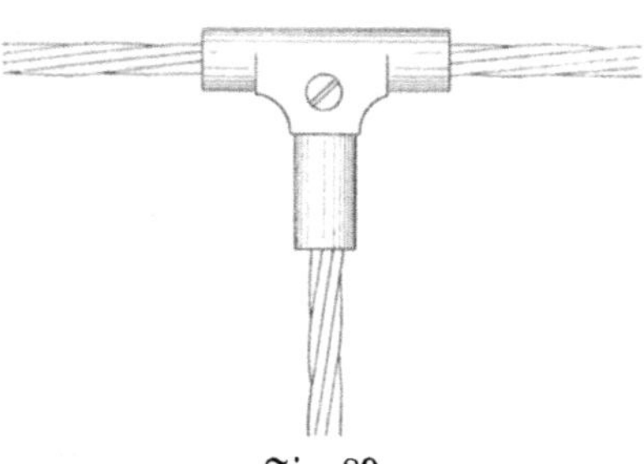

Fig. 89.

Fig. 90.

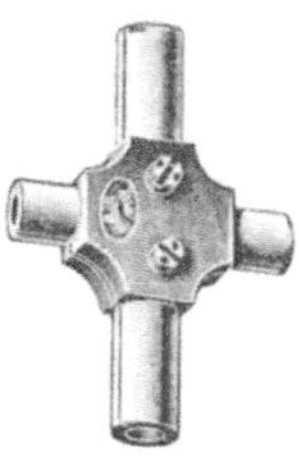

Fig. 91.

Wenn die Hohlräume der Muffen einen um wenigstens 3 mm größeren Durchmesser als die Drahtseile erhalten, wird auch bei durchaus zylindrischer Form der Muffe eine hinlänglich feste Drahtseilverbindung mittelst des einzugießenden Bleis oder Lötzinnes bewirkt. Vor dem Ausgießen sind solche Muffen natürlich an den seitlichen Öffnungen mittelst Ton zu dichten. Damit die ⊥förmigen Abzweigmuffen nicht durch die ganze Hauptleitung bis zur Abzweigstelle geschoben werden müssen, wenden Gebr. Mittelstraß in Magdeburg zweiteilige Muffen wie in Fig. 89 u. 90 an. In ähnlicher Weise werden auch Leitungskreuzungen hergestellt (Fig. 91). Hierbei werden die zu verbindenden Leitungen zuerst mit der einen Hälfte der Muffe weich verlötet, sodann wird die andere Muffenhälfte aufgeschraubt. Die Fig. 92—94 zeigen eine Leitungskreuzung mittelst 2teiliger Kreuzschellen, mit welchen die Leitungen ebenfalls verlötet werden.

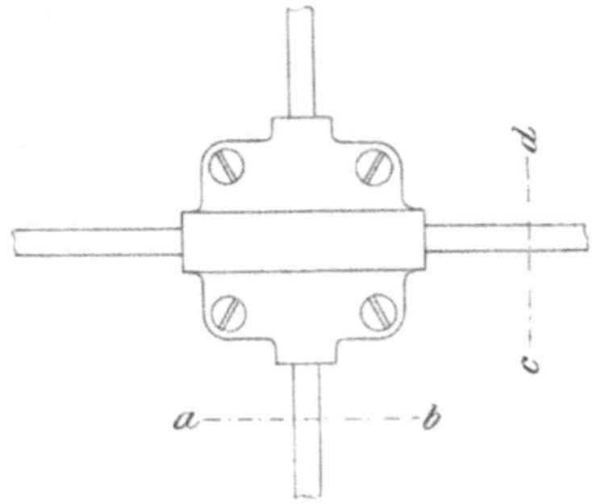

Fig. 92.

Fig. 93.

Fig. 94.

Muffen mit Klemmschrauben

gestatten eine sehr bequeme Verlegung der Leitungen, dieselben finden daher die verhältnismäßig häufigste Anwendung bei der Herstellung von Längsverbindungen und Abzweigungen bei Kupfer- und Eisenleitungen. Für Blitzableiter aus 4-drähtigen Eisendrahtseilen werden die Muffen am einfachsten durch etwa 10 cm lange Abschnitte aus $^1/_2$zölligen galvanisierten Eisenrohren gebildet (Fig. 95). Bei Abzweigungen werden beide Seile durch die zu diesem Zweck weitere Muffe gezogen und daselbst festgeklemmt (Fig. 96). Es können aber auch ⊥förmige Muffen wie in Fig. 97 verwendet werden. Diese haben jedoch den Nachteil, daß sie, wenn die Leitung AB bereits verlegt ist, nicht mehr angebracht werden kann ohne Durchschneidung der durchgehenden Leitung AB. Dieser Mangel wird

Fig. 95.

Fig. 96.

vermieden bei den oben bezeichneten 2 teiligen Muffen von Gebr. Mittelstraß in Magdeburg (Fig. 89—91) und bei den von Chr. Dietz in München angewendeten Abzweigstücken mit Klemmschraube (Fig. 98). Die verbleibenden Zwischenräume werden bei allen diesen Muffen mit Blei oder Lötzinn ausgegossen oder auch nur mit Kitt ausgefüllt.

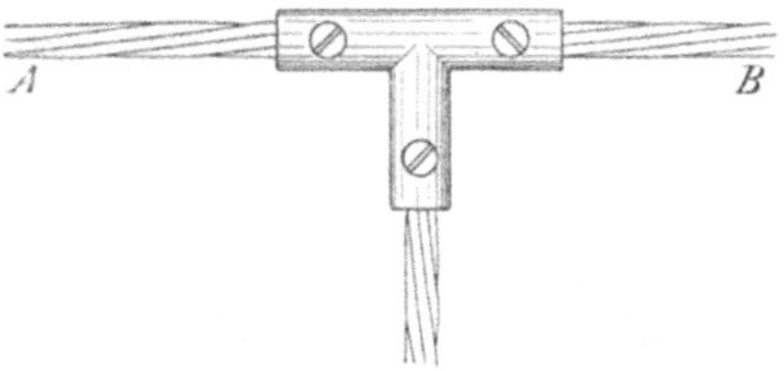

Fig. 97.

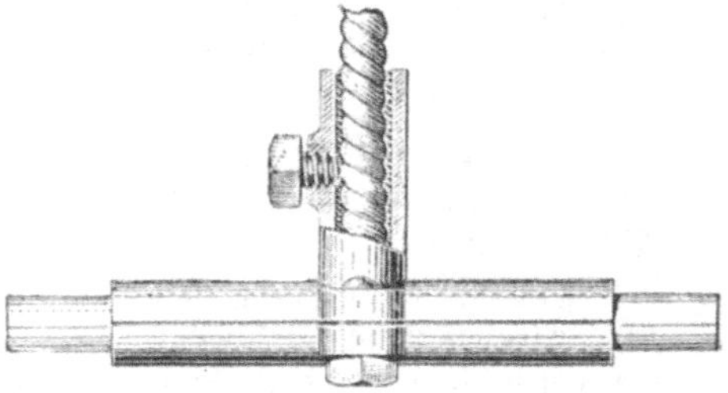

Fig. 98.

Bei Kupferleitungen kommen für Verlängerungen, Abzweigungen und Kreuzungen Muffen mit Klemmschrauben aus Kupfer, Rotguß oder Messing zur Verwendung. Bezugsquellen hierfür sowie auch für Befestigungsmittel und andere Blitzableiterartikel sind:

Kreidlers Metallwerk, Stuttgart,
Mix & Genest, Berlin,
Rudolf Siemsen, Hannover,
Oskar Schöppe, Leipzig,
Gebr. Mittelstraß, Magdeburg,
J. O. Zwarg, Freiberg, Sachsen,
Chr. Dietz, München,
W. A. Haas, Nürnberg,
J. Biechteler, Kempten,
O. Bötter, Stuttgart.

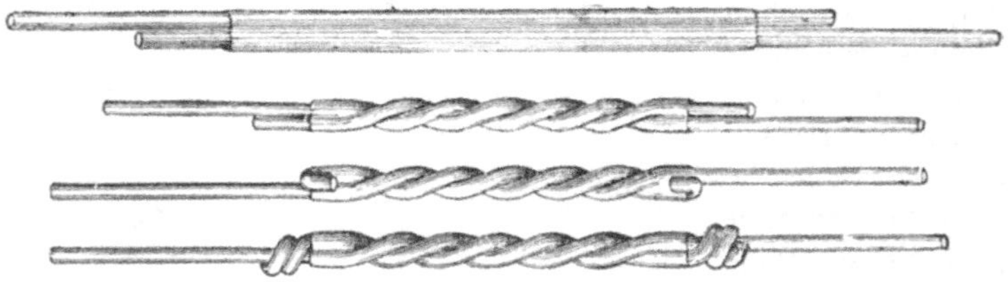

Fig. 99.

Auch von anderen größeren Eisenhandlungen können nötigenfalls unter Anführung obiger Bezugsquellen Blitzableitermaterialien sowie auch die erforderlichen Werkzeuge bezogen werden.

Eine einfache, solide und schön aussehende Längsverbindung bei Kupferdrähten und Kupferdrahtseilen ergibt die Arldsche Verbindungsmuffe (Fig. 99), von Dr. Schmidmer & Cie. in Nürnberg-Schweinau zu beziehen. Die kupfernen Verbindungsröhren haben eine Länge von wenigstens 12 cm und eine Wandstärke von 0,5 mm. Die Enden der zu verbindenden Drähte werden von beiden Seiten in die Metallhülse gesteckt, deren Querschnitt den dicht nebeneinander gelegten Drähten annähernd entspricht und so verschoben, daß ihre Enden ein kleines Stück über die Hülse hinausragen. Alsdann wird die Hülse mit den eingeschobenen Drähten an beiden Enden mittelst besonderer Kluppen festgeklemmt. Beim Anlegen dieser Kluppen ist darauf zu achten, daß die Röhren je nach Größe 2—5 mm über die Kluppe hinausragen. Durch mehrmaliges Drehen der beiden Kluppen in entgegengesetzter Richtung um 360 Grad wird hierauf der zwischen den Kluppen befindliche Teil schraubenförmig gewunden und nachdem dies geschehen, ist der Drahtbund vollendet.

Sehr gut geeignet zur Herstellung von Längsverbindungen und Abzweigungen bei massiven Kupferleitungen sind die Nietverbinder von J. W. Hofmann in Kötzschenbroda bei Dresden (Fig. 100 u. 100a). Die zu verbindenden Drähte werden in eine nahtlose Kupferhülse eingeschoben, sodann wird ein konischer Dorn A

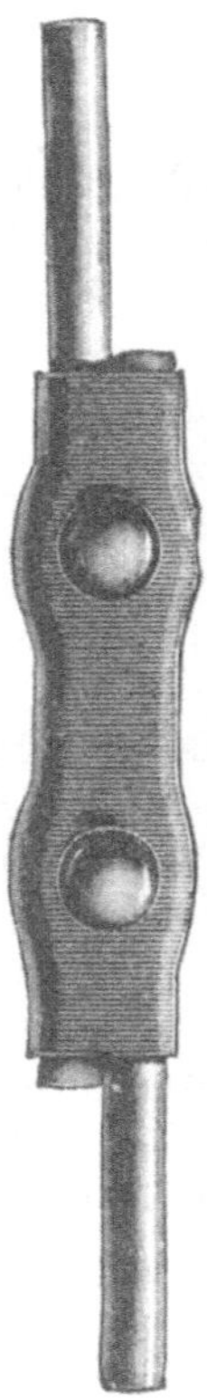

Fig. 100.

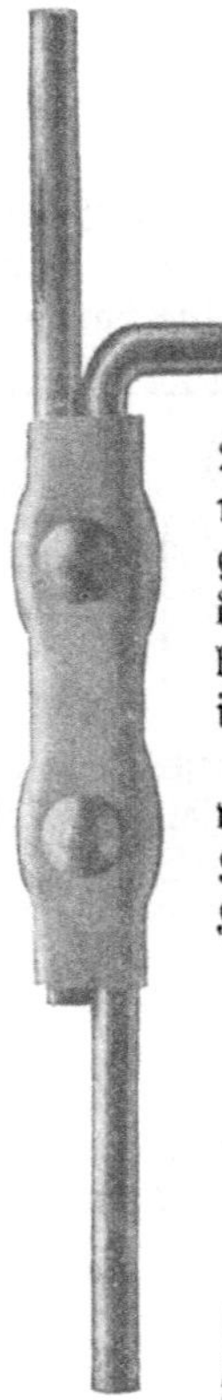

Fig. 100a.

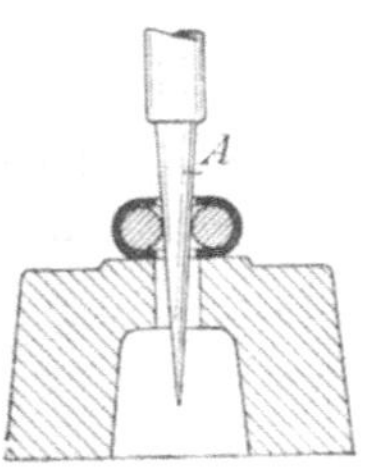

Fig. 101.

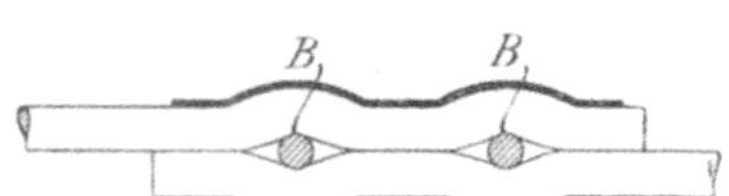

Fig. 102.

(Fig. 101) in die seitlichen Löcher eingetrieben, wodurch die Drähte in die Ausbuchtungen gedrängt werden. In die hierdurch entstandenen Zwischenräume werden Nieten B (Fig. 102) eingeführt, welche die Drähte in der ausgebogenen Lage erhalten und ihre Streckung verhindern. Der Kontakt wird einesteils durch die Nieten, welche sich beim Hämmern stauchen und sich zwischen die Drähte einkeilen, anderenteils durch die Hülse, an der die Drähte sehr fest anliegen, vermittelt. Diese Nietverbinder lassen sich auch bei Eisendrahtseilen anwenden.

Bei Kupferdrahtseilen finden die von derselben Firma zu beziehenden mit Lötzinn auszugießenden Verbindungshülsen (Fig. 84 u. 85) zweckmäßige Verwendung.

Wo die Erdleitungen aus Kupfer, die Gebäudeleitungen aus Eisendrahtseil hergestellt werden, eignet sich zur Verbindung beider die in Fig. 103 dargestellte Schellenverbindung aus Kupfer, verzinntem Kupfer oder aus starkem Zinkblech. Die verbleibenden Zwischenräume sind zu verlöten.

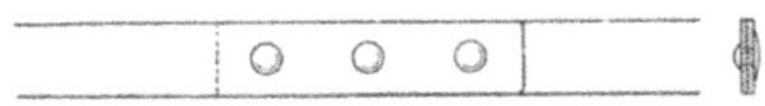

Fig. 104.

Bei bandförmigen Leitungen aus Eisen und Kupfer werden die Längsverbindungen und Abzweigungen am zweckmäßigsten durch Vernietung der auf eine Länge von ca. 15 cm

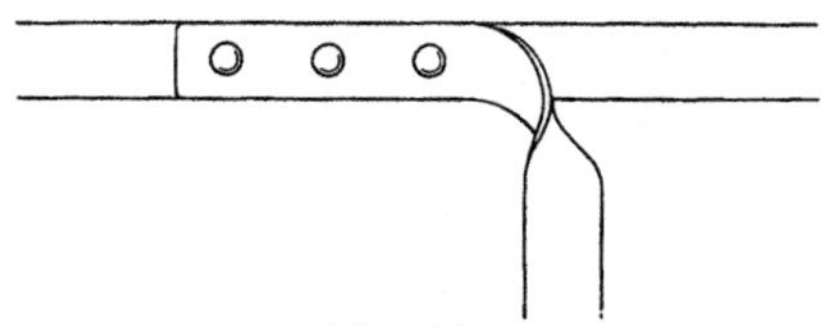

Fig. 105.

aufeinander gelegten Leitungen hergestellt (Fig. 104 u. 105). Die 3 wenigstens 5 mm starken Nieten bestehen aus dem

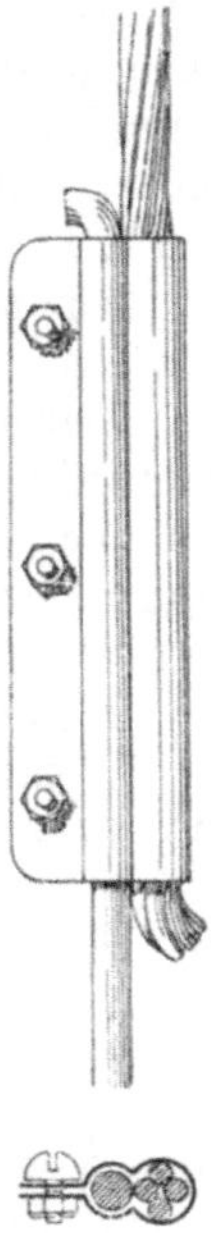

Fig. 103.

Fig. 106.

gleichen Material wie die Leitungen. Bei Verwendung von Eisennieten ist für einen guten Rostschutz durch Verzinkung oder Anstrich derselben Sorge zu tragen. Statt Nieten können auch Mutterschrauben ange-

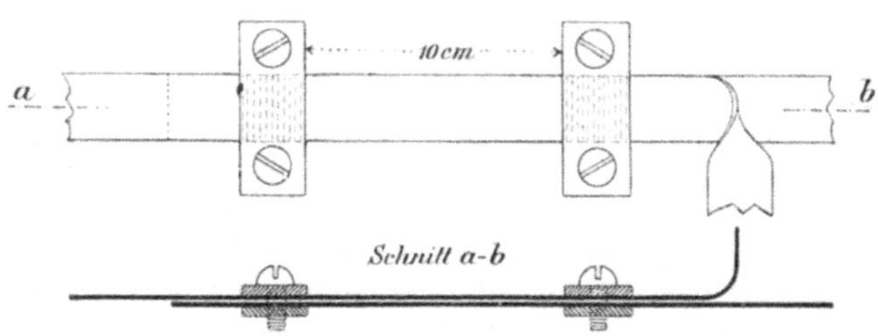

Fig. 107 u. 108.

wendet werden, dieselben werden wegen der Gefahr des Durchrostens auch bei Eisenleitungen besser aus Rotguß oder Messing als aus Eisen hergestellt. Zur Erzielung eines guten metallischen Kontaktes und zum

Rostschutz empfiehlt es sich bei Flacheisenleitungen zwischen die zu vernietenden oder verschraubenden Leitungsenden Walzbleistreifen zu legen (Fig. 106).

Für Kupferbandleitungen in der Erde empfiehlt sich harte Verlötung auf wenigstens 8 cm Länge.

Eine bequeme und rasche Herstellung von Längsverbindungen und Abzweigungen bei Bandleitungen aus Kupfer oder verzinktem Eisen gestattet die in Fig. 107 u. 108 dargestellte Klemmenvorrichtung mit doppelten Flachschellen, welche bei Kupfer aus dem gleichen Material, aus Rotguß oder Messing in einer Stärke von ca. 3 cm und bei Bandeisenleitungen aus verzinktem Eisen wenigstens 4 cm stark hergestellt werden. Die Mutterschrauben bestehen in beiden Fällen aus Messing. Zur Sicherung gegen Verschiebungen erhalten sie Riffelungen quer zur Längsrichtung der Leitung.

Trennungsmuffen.

Zur Erleichterung der Trennung der Gebäudeleitungen von den Erdleitungen zum Zweck der Widerstandsmessung der Erdleitungen wird die in Fig. 109 dargestellte oder die von Prof. Dr. Neesen in Berlin empfohlene Ausschaltmuffe mit Überplattung (Fig. 110) angewendet. Chr. Dietz in München legt über die nach letzterer Art hergestellte zwei-

Fig. 113.

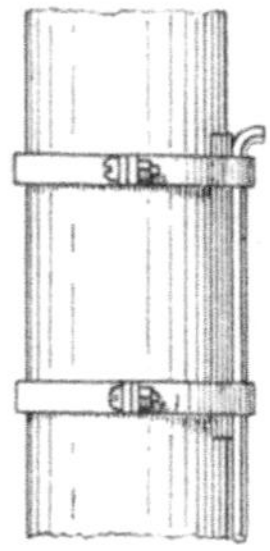

Fig. 114.

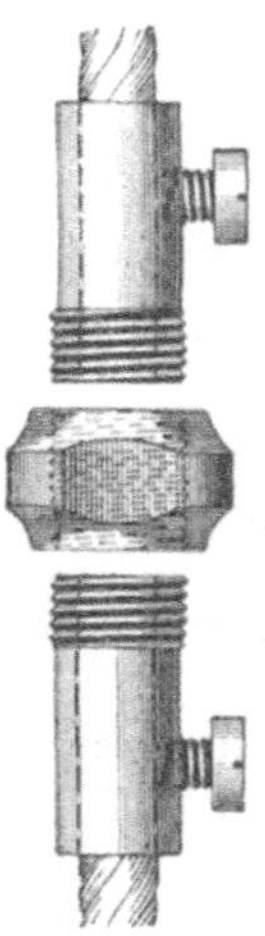

Fig. 109.

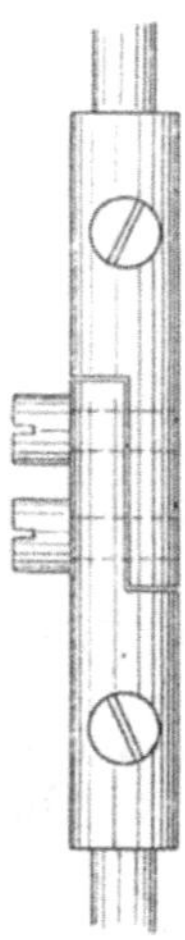

Fig. 110.

Fig. 111

Fig. 112.

teilige Muffe eine Hülse zum Schutz der Schrauben gegen Einrosten (Fig. 111 u. 112).

Bei Bandleitungen werden die Trennungsvorrichtungen am einfachsten wie in Fig. 107 und 108 hergestellt.

Wo die Regenabfallrohre als Ableitungen benutzt werden, sind besondere Rohrschellen wie in Fig. 113 u. 114 zu verwenden.

Verbindung der Gebäudeleitungen mit Auffangstangen und Rohrleitungen.

Die Verbindung eiserner Leitungen mit massiven eisernen Auffangstangen geschieht am besten mittelst Schweißung und zwar schon in der Werkstätte. Zu diesem Zweck wird in die Stangen an der Stelle, wo die Leitung anzuschließen ist, eine etwa 5 cm lange Nute gestemmt und in diese das vorher angestauchte Ende der Leitung eingeschweißt. Von

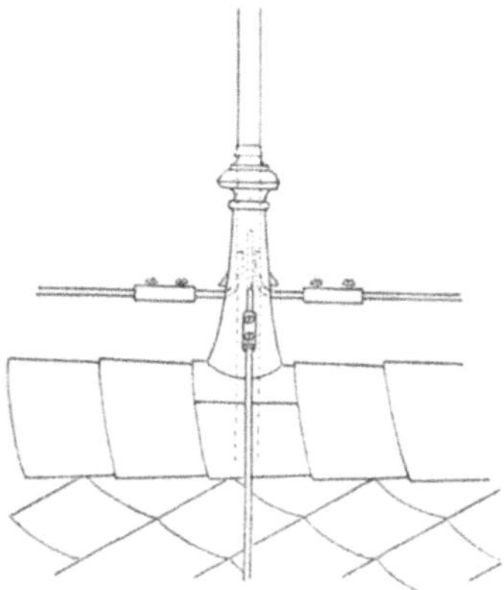

Fig. 115.

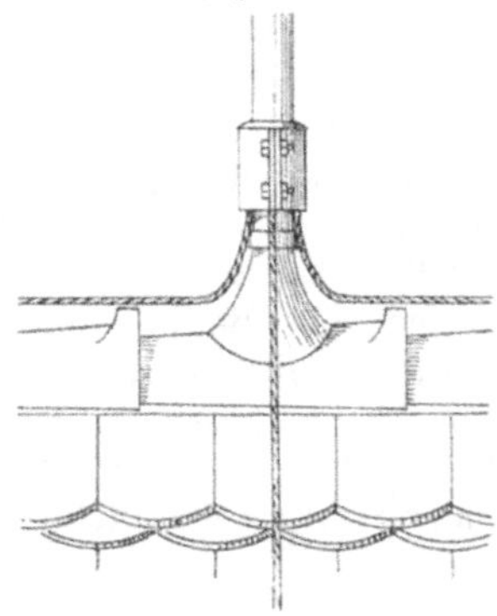

Fig. 116.

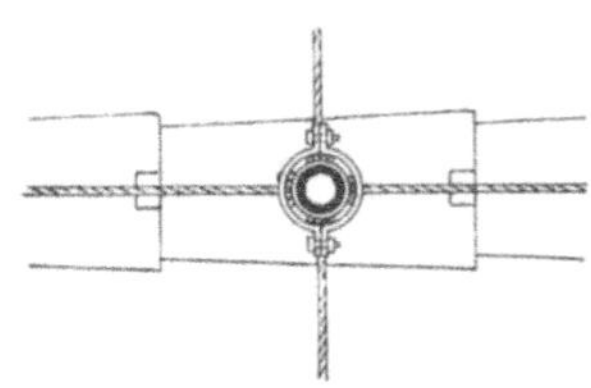

Fig. 117.

hier an wird die vorher genau abgepaßte Leitung weitergeführt. Der bequemen Montierung halber können aber auch nur etwa 1 m lange Leitungsstücke an die Stange geschweißt und die weitere Verbindung mit der Leitung auf eine der oben S. 59—66 beschriebenen Arten bewirkt werden (Fig. 115). In ähnlicher Weise kann bei Kupferleitungen verfahren werden, nur tritt hier an Stelle der Schweißung das Hartlot.

Eine solide und an bereits aufgestellten und befestigten Fangstangen bequem anzubringende Verbindung ist die in Fig. 116 u. 117 dargestellte mittelst einer 2teiligen verzinkten, eisernen Rohrschelle; durch dieselbe werden die Leitungsenden auf eine Länge von wenigstens 150 mm fest an die Stange gepreßt. Diese Verbindung kann bei Draht-, Drahtseil- und bandförmigen Leitungen zur Anwendung kommen. Drahtseile sind zur Vergrößerung der Berührungsfläche auf die Länge der Verbindungsstelle in ihre Einzeldrähte aufzulösen, so daß jeder einzelne Draht an die blank zu schabende Stange festgepreßt wird. Die verbleibenden Zwischenräume werden am oberen Ende der Schelle mit Blei verstemmt. Statt einer Rohrschelle können auch zwei kleinere in einem Abstand von ca. 10 cm voneinander angewendet werden (Fig. 118—122).

Zum Schutz gegen Rost durch galvanischen Einfluß empfiehlt es sich, bei Kupferleitungen einen Walzbleistreifen zwischen die Kupfer-

Fig. 118.

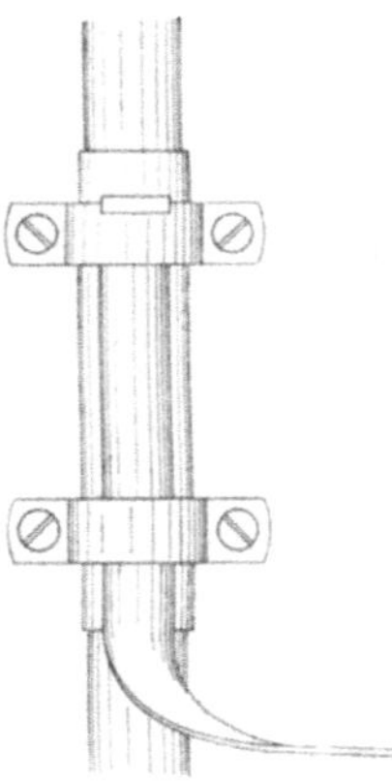

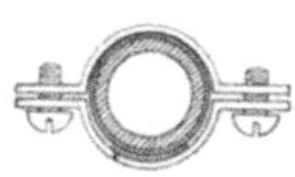

Fig. 119.

Fig. 120.

Fig. 121.

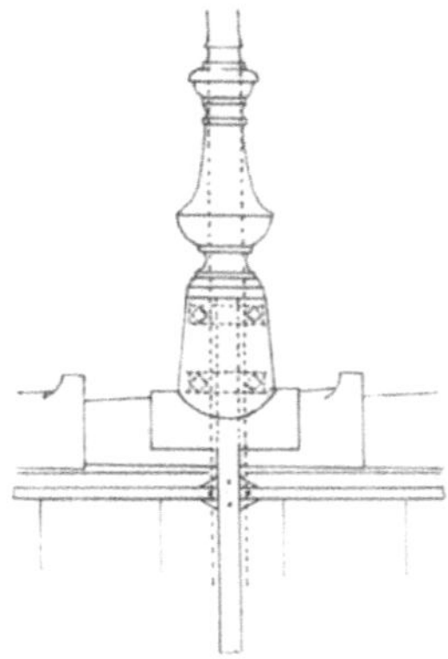

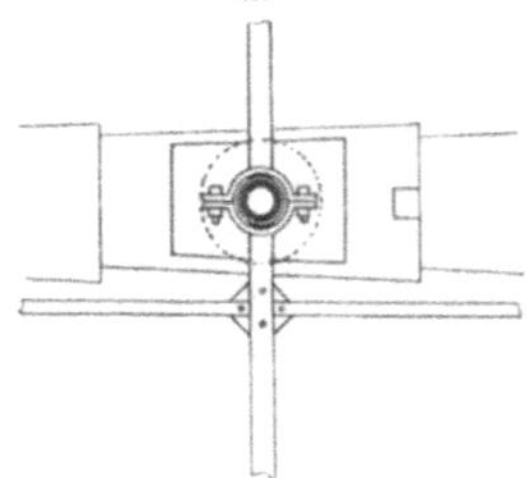

Fig. 122.

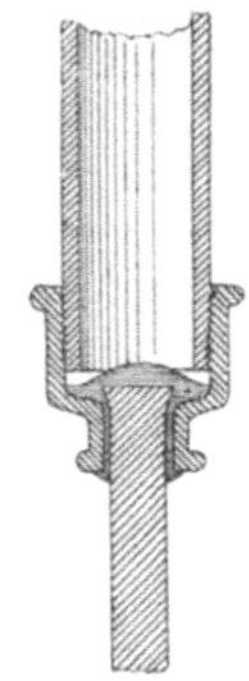

Fig. 123.

leitung und die Stange zu pressen. Dies erscheint übrigens zur Erzielung eines guten Kontakts auch bei Eisenleitungen empfehlenswert.

Eine gute Verbindung der Leitung mit hohlen Auffangstangen von Fabrikschornsteinen bildet die in Fig. 123 dargestellte. Die Leitung mit breit gestauchtem Ende wird zuerst in die Reduktionsmuffe mittelst Blei oder Zinn eingegossen und dann die Muffe mit dem Rohr verschraubt.

Bei dem Anschluß von Auffangstangen an blechförmige Leiter, (Metallbedachungen, First- und Gratbleche) ist zur Verhütung gefährlicher Funken ein besonderes Augenmerk auf eine gute metallische Verbindung zwischen Stange und Blechbekleidung zu richten. Der lose Zusammenhang, welcher mit letzterer durch die Regenschutzdichtung (Fig. 46—49) hergestellt wird, kann als eine genügende Verbindung nicht gelten. Der

Kontakt mit der Stange ist vielmehr durch Vermittlung besonderer Draht-, Drahtseil-, Bandleitungen oder durch Blechstreifen vom erforderlichen Leitungsquerschnitt herzustellen.

Der Anschluß an eiserne Gas- und Wasserleitungsrohre, Heizrohre, eiserne Entwässerungsrohre u. dgl. kann in gleicher Weise wie in Fig. 116—122 geschehen. Eine besonders gute Verbindung mit Gas- und Wasserleitungsrohren wird erzielt mittelst der in Fig. 124 dargestellten zweiteiligen Rohrschelle.

An die Schelle wird die Röhre a—b hart angelötet, nachdem in dieselbe vorher die Leitung weich eingelötet worden ist. Um das nötigenfalls blank zu schabende Rohr wird ein Walzbleistreifen gelegt und die Schelle mittelst der Schrauben festgepreßt. Die vorstehenden Ränder des Walzbleistreifens werden verstemmt. Bei Anschlüssen, welche dem Zutritt von Feuchtigkeit ausgesetzt sind, werden die noch verbleibenden Lücken am Zusammenstoß der Schellenhälften sorgfältig verkittet. Alle derartigen Anschlüsse sind nach ihrer Fertigstellung mit einem rostschützenden Anstrich zu versehen.

Fig. 125.

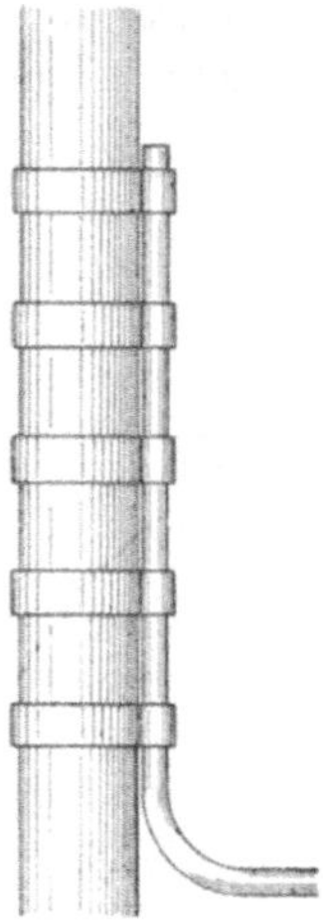

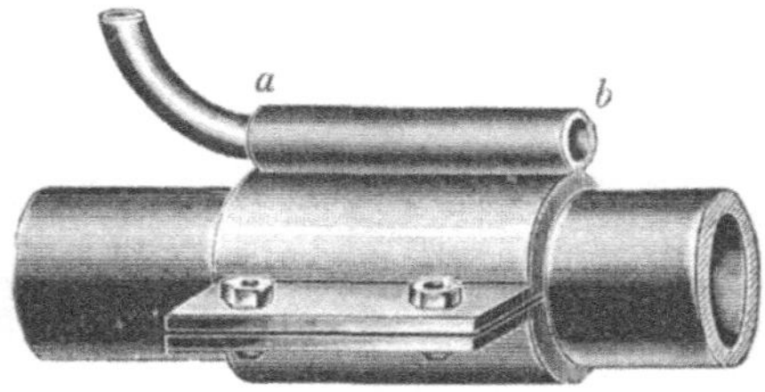

Fig. 124.

Fig. 125a.

Statt verzinkter Eisenschellen können auch verzinnte Kupferschellen verwendet werden, welche eine Breite von wenigstens 6 cm und eine Stärke von nicht unter $1^1/_2$ mm erhalten sollten. Bei Anschlüssen, welche dem Zutritt der Feuchtigkeit nicht ausgesetzt sind, kann die Verzinnung der Schellen und der Bleistreifen entbehrt werden.

Bei Wasserleitungsrohren aus Blei hat sich die in Fig. 125 dargestellte Verbindung gut bewährt. 5 bis ca. 15 mm breite Kupferstreifen werden in Abständen von 3 cm mit dem Rohr verlötet. Die anzuschließende Leitung wird von den einzelnen Kupferstreifen umfaßt und mit diesem, sowie mit dem Rohr verlötet.

Anschlüsse der Gebäudeleitungen an sonstige Metallmassen.

Der Anschluß der Leitungen an Metallmassen von größerer Dicke, wie z. B. I Träger und Winkeleisen, geschieht bei verzweigten Leitungen mittelst Kontaktplatten von wenigstens 20 qcm und bei nicht verzweigten mittelst solcher von wenigstens 40 qcm Berührungsfläche (Fig. 126 und 127). Diese Platten sollten bei Kupferleitungen aus Kupfer, Rotguß oder Messing und bei Eisenleitungen aus verzinktem Eisen bestehen. Zur Verbesserung der Berührungsflächen und zum Schutze gegen Eindringen von Regen empfiehlt es sich, die blank zu schabenden Metallflächen mit einer Zwischenlage von wenigstens $1^1/_2$ mm dickem Walzblei zu versehen. In die an der Kontaktplatte angebrachte Hülse ist die Leitung hart oder weich einzulöten.

Weitere Verbindungsarten siehe die Fig. 128 u. 129.

Bei bandförmigen Leitungen genügt eine unmittelbare Verschraubung der Lei-

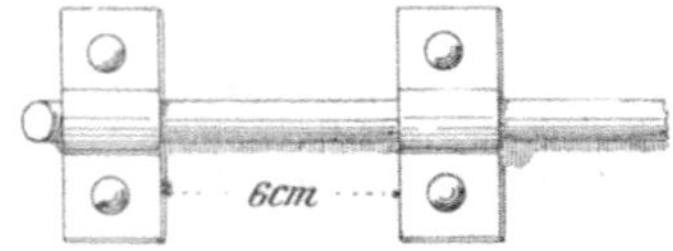

Fig. 128.

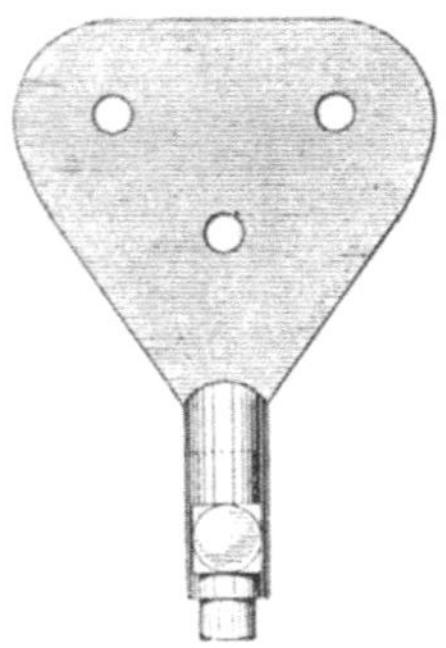

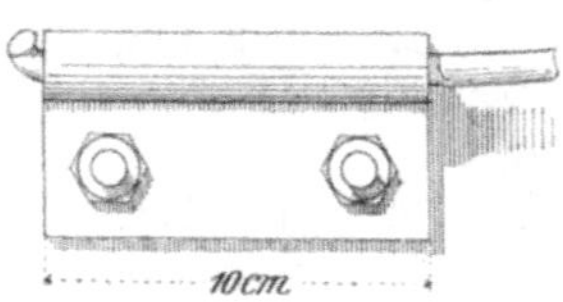

Fig. 126.

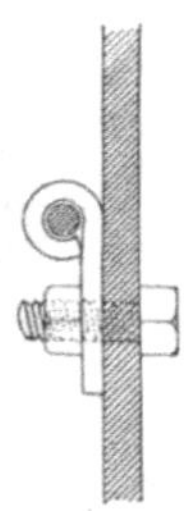

Fig. 127.

Fig. 129.

tungsenden mit den Metallmassen mittelst zweier Mutterschrauben oder Nieten in einem Abstand von etwa 10 cm (Fig. 130 u. 131). Fig. 132 bis 134 zeigen den Anschluß der Gebäudeleitung an gußeisernen Kamindeckplatten.

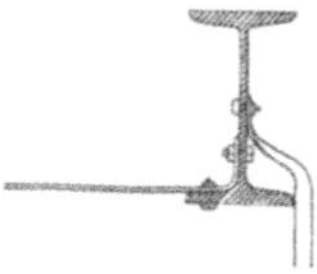

Fig. 130.

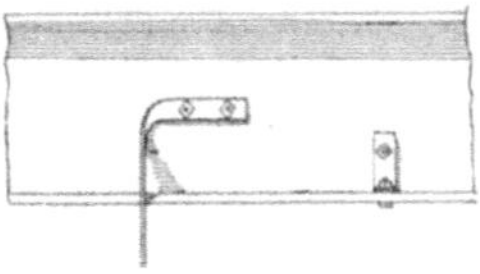

Fig. 131.

Fig. 132.

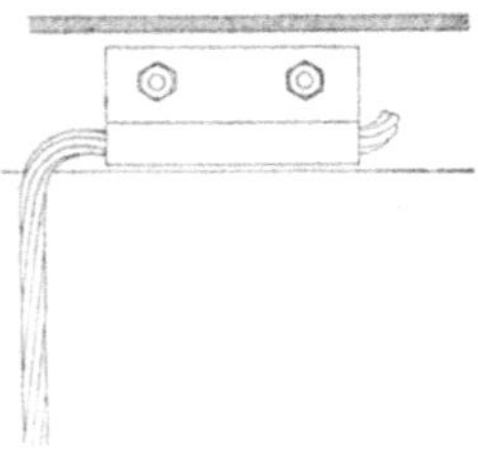

Fig. 133.

Die Verbindung besonderer Gebäudeleitungen mit blechförmigen Leitern, z. B. mit First-, Grat-, Ortgang-, Kehlblechen, Dachrinnen und

Abfallrohren geschieht mittelst aufgelöteter Kappen aus Kupfer, verzinntem Kupfer, verzinktem Eisenblech, Zink oder Blei von ähnlicher

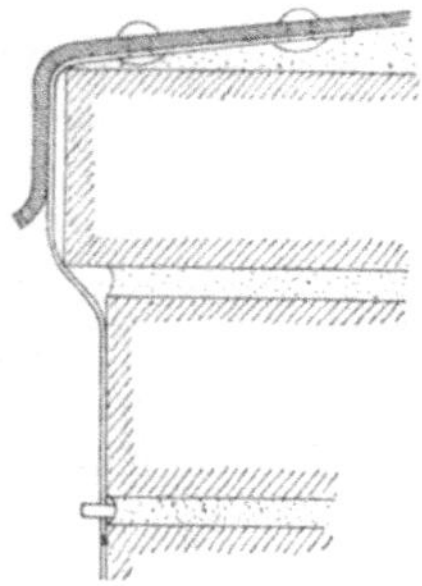

Fig. 134.

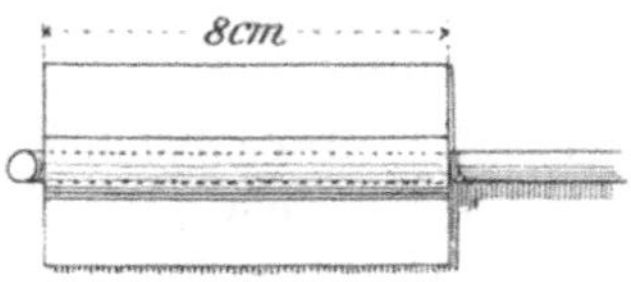

Fig. 135.

Fig. 136.

Form wie der in Fig. 126 u. 127 dargestellten Kontaktplatten oder wie in Fig. 128 u. 135—138. Die Verbindung kupferner Drahtseile mit Dächern oder Dachverwahrungen aus Zinkblech kann auch durch unmittelbares Anlöten der aufgelösten Drahtenden an die Bleche auf eine Länge von je wenigstens 10 cm erfolgen. Alle Verbindungen mit (verzinktem) Eisenblech sind außer der Verlötung noch zu vernieten.

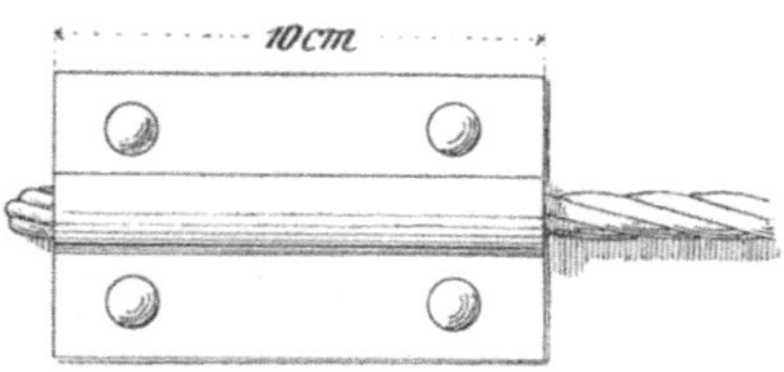

Fig. 137.

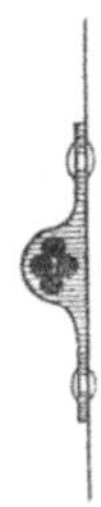

Fig. 138.

Der Anschluß besonderer Gebäudeleitungen an Kastenrinnen aus Zinkblech geschieht nach Fig. 139 u. 140, wobei die vorher mit der Leitung weich verlötete Zinkblechkappe

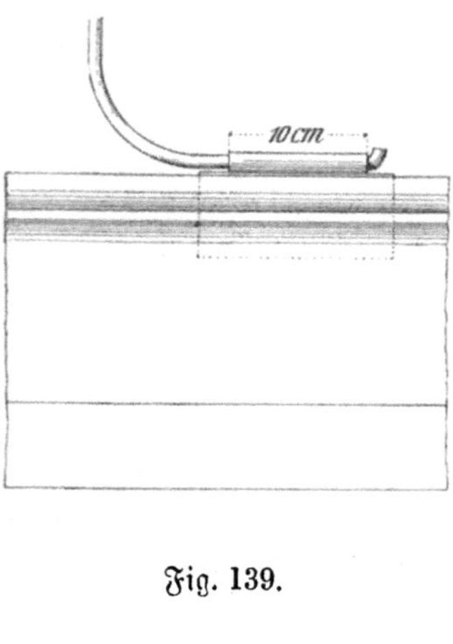

Fig. 139.

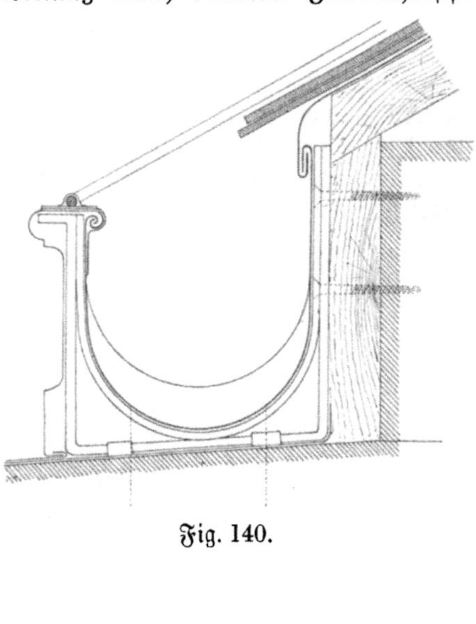

Fig. 140.

auf den vorderen oberen Rand und einen Teil der Innenseite der Rinne gelötet wird.

Die gewöhnlich vorhandenen Anschlüsse von Blechbedeckungen an die Dachrinnen sind für die Blitzableitung unvollkommen, sie sind durch aufgelötete und nötigenfalls genietete Blechkappen zu verbessern.

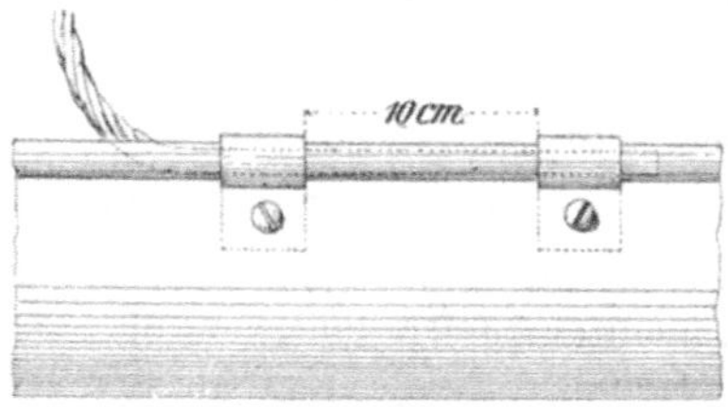

Fig. 141.

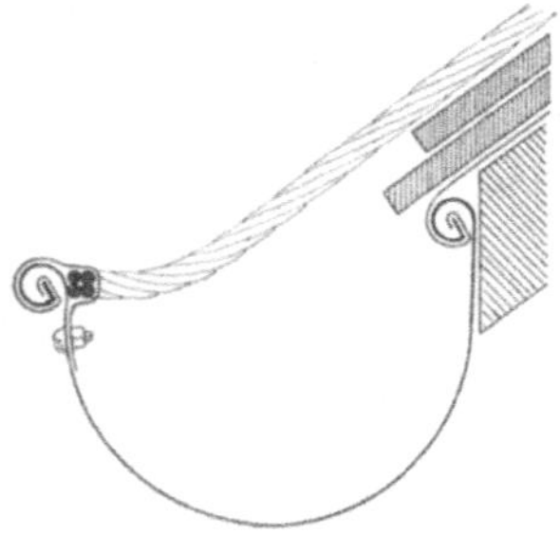

Fig. 142.

Bei Hängerinnen aus verzinktem oder verbleitem Eisenblech wird der Anschluß besonderer Gebäudeleitungen wie in Fig. 141 u. 142 mittelst zweier an die Rinne geschraubter 25×2 mm starker Haften aus verzinktem oder verzinntem Bandeisen und Verlötung der Zwischenräume bewerkstelligt.

Fig. 143.

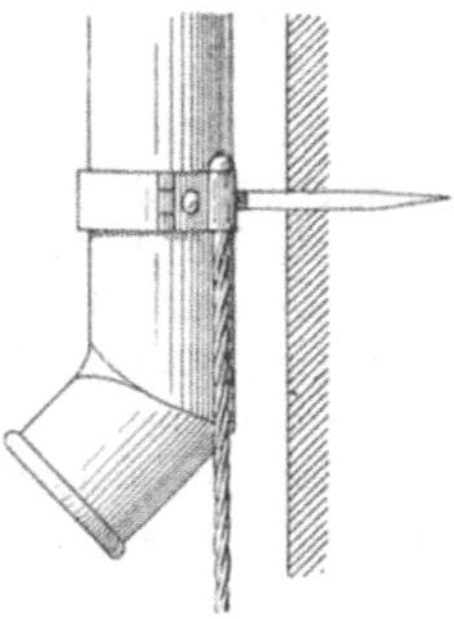

Sind blechförmige Leiter von verhältnismäßig geringer Länge vorhanden, so kommt in Frage, ob es nicht einfacher und billiger ist, die beiden Anschlüsse am Anfang und Ende zu sparen und die besondere Leitung ununterbrochen in dichter Berührung mit dem Blechleiter längs desselben fortzuführen. Die Verbindung mit demselben geschieht durch kleine Zinkblechkappen, welche mit dem Blech und zweckmäßigerweise auch mit der Leitung verlötet werden.

Eine Verlötung der Erdableitungen mit den Regenabfallrohren ist zu vermeiden wegen Erschwerung des Abnehmens der Rohre zu den im Lauf der Zeit erforderlichen Reparaturarbeiten. Eine zweckmäßige Verbindung, welche auch die Trennung behufs Widerstandsmessung der Erdleitungen erleichtert, ist in Fig. 113 u. 114 dargestellt. Dieselbe wird am unteren Ende der Abfallrohre oder bei besseren Gebäuden unmittelbar über den gußeisernen Schutzrohren angebracht. Zur Vergrößerung der Berührungsfläche kann die Erdableitung zuerst mit einem verzinnten Kupferblechstück verlötet und dieses sodann mittelst der Schellen aus ca. 13×2 mm starkem verzinntem Kupferband an das Abfallrohr festgeklemmt werden. Bei

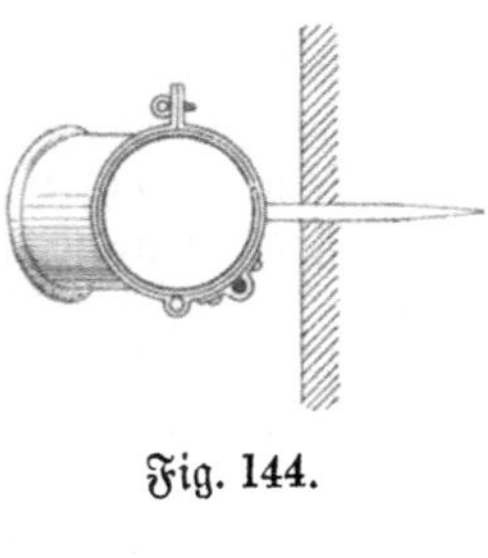

Fig. 144.

Verwendung von unverzinntem Kupferblech ist ein Bleistreifen zu unterlegen.

Bei einfachen ländlichen Bauten wird der Anschluß zweckmäßig in Verbindung mit der unteren Rohrschelle des Abfallrohrs hergestellt, an welche eine das Leitungsende umschließende Kappe aus verzinktem Eisenblech genietet und gelötet wird (Fig. 143 u. 144). Zur Verbesserung der Dichtung ist zwischen das Abfallrohr und die Rohrschelle ein Walzbleistreifen zu pressen, dessen beiderseits vorstehende Ränder verstemmt werden.

Rostschutz.

Ein höchst gefährlicher Feind der Blitzableiter ist der Rost. Ungeschütztes Eisen rostet infolge des Zutritts von Feuchtigkeit, ganz besonders aber, wenn es den Schornsteinrauchgasen ausgesetzt ist, die meist schwefelige Säure enthalten. In erhöhtem Maße sind die Stellen, wo sich verschiedene Metalle (z. B. Kupfer und Zink oder Eisen) unter dem Zutritt von Feuchtigkeit berühren, einer rascheren Zerstörung durch diese und die auftretenden galvanischen Ströme unterworfen. Ebenso können die Metalle an den Weichlotstellen durch zurückgebliebenes saures Lötwasser leicht angegriffen werden.

Ein gutes und billiges rostschützendes Mittel bildet bei Eisen die Verzinkung und Verbleiung, bei Kupfer die Verzinnung (die Verbleiung eignet sich besonders da, wo die Eisenteile dauernd saueren Dämpfen ausgesetzt sind). Der Schutz durch Verzinkung oder Verzinnung ist aber kein unbedingt sicherer, weil beim Transport des Materials, bei der Montierung der Leitung und später insbesondere bei Dachreparaturarbeiten leicht Beschädigungen der dünnen Zink-, Blei- oder Zinnschicht vorkommen.

Wo eine Verbindung von Kupfer und Zink nicht zu vermeiden ist, sollte eine Zwischenlage von Walzblei angewendet oder das Kupfer gut verzinnt werden.

Wo bei Eisenleitungen Mutterschrauben zur Anwendung kommen, sind solche aus Messing denjenigen aus Eisen vorzuziehen, weil eine Verzinkung der Gewinde eiserner Schrauben nicht gut möglich und eine Verzinnung gegen Rostschutz nicht wirksam genug ist.

Unverzinktes Eisen ist vor dem Verlöten mit Weichlot an der Verbindungsstelle gut zu verzinnen.

Beim Weichlöten empfiehlt sich die Verwendung von säurefreiem Lötwasser (neutrales Chlorzinksalz in reinem Wasser gelöst). Wenn aber saures Lötwasser (durch Auflösen von Zink in Salzsäure) doch verwendet wird, so ist nach beendigter Lötung für eine vollständige Beseitigung der Säure durch gutes Abwaschen mit Seifenwasser oder Sodalauge Sorge zu tragen.

Da die Lötstellen und überhaupt die Leitungsverbindungen und Metallanschlüsse, insbesondere solche, wo Kupfer und Zink sich berühren, trotz aller Vorsicht der Zerstörung durch Rost ausgesetzt sind, sollten dieselben stets mit einem dauerhaften rostschützenden Anstrich versehen werden. Am besten ist ein dicker auf die angewärmten Stellen heiß aufgetragener Teeranstrich. Die Anstriche sind, sobald sich Risse oder Abblätterungen zeigen, zu erneuern. Zwischenräume, durch welche das Regenwasser ins Innere der Verbindungen eindringen könnte, sind, soweit keine Lötung stattfindet, vor dem Anstrich mit Glaserkitt dicht zu schließen.

Befestigung der Leitungen.

Die Befestigung der Gebäudeleitungen muß fest und sturmsicher sein. Zu vermeiden ist eine solche Verlegung, daß der Wind durch Hin- und Herbewegen der Leitungen eine Durchscheuerung oder Querschnittsverminderung herbeiführen kann.

Die Leitungen können wie gewöhnlich in einem Abstande von ca. 15 cm von den Dach- und Wandflächen geführt oder unmittelbar auf die Dach- und Wandflächen gelegt werden. Im ersteren Falle verwendet man verzinkte schmiedeeiserne Stützen, welche mit dem unteren zugespitzten Teile in das Holz- oder Mauerwerk, letzterenfalls unter Anwendung von Holzdübeln, eingetrieben werden. Bei abstehenden Leitungen erhalten die Firststützen eine Länge von ca. 40 cm, die Mauerstützen eine solche von ca. 25 cm und eine Stärke bei quadratischem Querschnitt von 10/10 bis 12/12 cm. Es können aber auch runde Querschnitte gewählt werden. Zum Eintreiben der Stifte in die Fugen von Backsteinmauerwerk empfiehlt es sich, den Stiften einen flachen Querschnitt von ca. 20/6 mm zu geben.

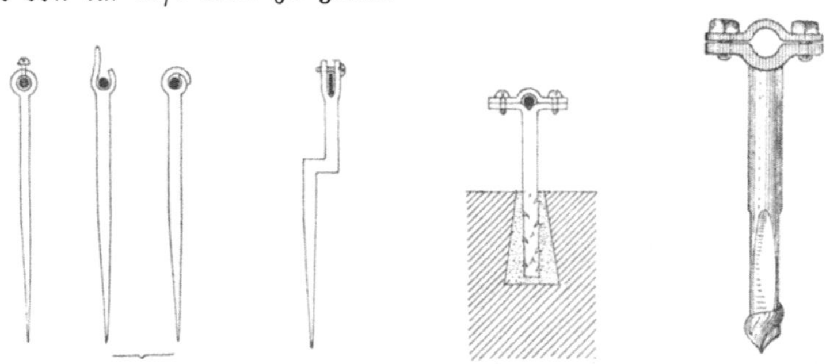

Fig. 145. Fig. 146. Fig. 147. Fig. 148. Fig. 149.

Oben endigen die Stützen entweder in einer Öse zum Durchziehen des Drahtes mit Klemmschraube (Fig. 145) oder in einer Gabel wie in Fig. 146. In diese Gabel wird die Leitung eingelegt und zunächst das kurze, dann das längere Ende der Gabel um die Leitung gebogen. Zur Herstellung solcher Gabelstützen kann nur weiches Eisen verwendet werden, da sonst die Lappen der Gabel das kalte Umbiegen nicht aushalten und brechen. Diese Gefahr wird beseitigt bei der in Fig. 147 dargestellten Gabelstütze mit einer Querschraube zum Festhalten der Leitung.

Der untere Ansatz dient als Auflager beim Eintreiben des Stifts. Zur Verhinderung des Scheuerns der Leitung bei Erschütterungen durch den Wind empfiehlt es sich, röhrenförmige Walzbleifutter zwischen die Leitung und die Ösen oder Gabeln einzuklemmen. Behufs soliderer Befestigung in Holz können die Stützen statt einer Spitze auch ein Holzschraubengewinde erhalten

Zur Befestigung in Mauerwerk eignen sich besser eingegipste oder einzementierte Stützen mit Steindollen oder Steinschrauben (Fig. 148 u. 149). Eine besonders solide und dauerhafte Befestigung der Leitung wird dadurch bewirkt, daß statt der Ösen oder Gabeln Schellen mit Kopf- oder Mutterschrauben wie in Fig. 148 u. 149 zur Anwendung kommen.

Bei Ziegeldächern verwendet man, wenn der First mit Firstziegeln eingedeckt wird, zweckmäßigerweise abgekröpfte Stützen wie in Fig. 150, und an den Dachflächen solche wie in Fig. 151.

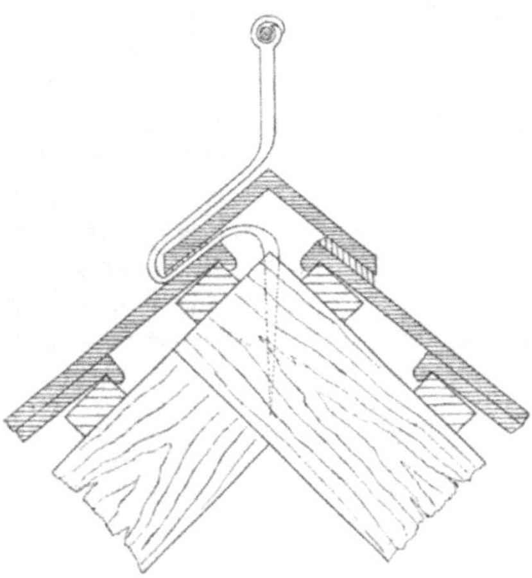

Fig. 150.

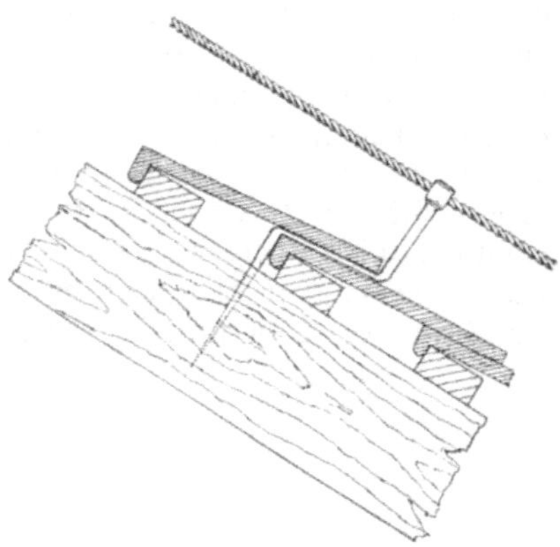

Fig. 151.

Die Firststützen sind vor der Eindeckung der Firstziegel, die Leitung selbst ist nach deren Eindeckung anzubringen.

Bei Schieferdächern werden die erforderlichen Regen- und Schneedichtungen der Dachdurchdringungen der Stützen durch Zinkblechplatten (Fig. 152 u. 153) hergestellt, auf deren durchlochte Fläche ein Stutzen aufgelötet ist, durch welchen die mit einem aufgelöteten Trichter versehene Leitungsstütze getrieben wird.

Ähnliche Dichtungsplatten müssen die Leitungsstützen auch bei Ziegeldächern erhalten, wenn sie nicht wie in Fig. 150 abgekröpft werden, sondern die durchbohrten Ziegel senkrecht durchdringen sollen. Statt Zinkblechplatten verwendet man jedoch hier gewöhnlich solche aus Walzblei, welche sich der Form der Ziegel besser anpassen. Häufig begnügt man sich aber auch nur mit einem an die Stütze gelöteten Stück aus Walzblei oder Zinkblech (Fig. 154).

Wo die Leitungen in einem Abstand von den Dach- und Wandflächen geführt werden, ist es aus Gründen der Schönheit und Zweckmäßigkeit erforderlich, daß die Leitungen vollkommen geradlinig und nicht wellenförmig verlaufen. Leicht biegsames Material (kupfernes Drahtseil) ist daher fest anzuspannen.

Wo ein Spannen nicht möglich ist, darf die Entfernung der Stützen nicht größer sein, als die erforderliche sturmsichere Geradehaltung der Leitungen zuläßt. Die Entfernung der Dachstützen sollte bei gespannten Leitungen nicht mehr als 2,5 m, bei nicht gespannten biegsamen Leitungen nicht mehr als 1 m betragen. Für Wandstützen ist bei gespannten Leitungen eine Entfernung bis zu 3 m zulässig. Bei biegsamen Leitungen aus massivem Kupferdraht und verzinktem Eisendrahtseil, welche

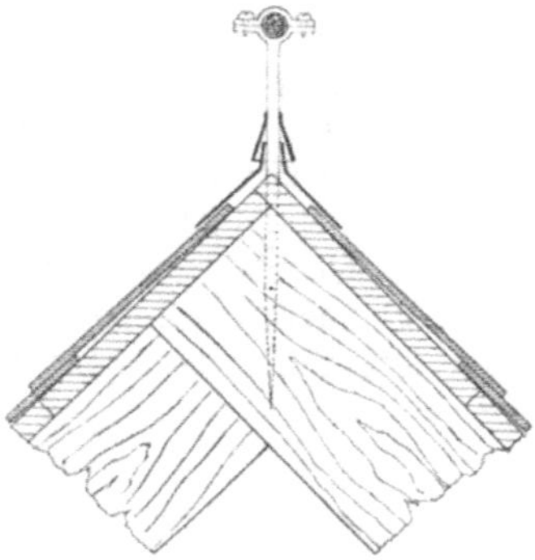

Fig. 152.

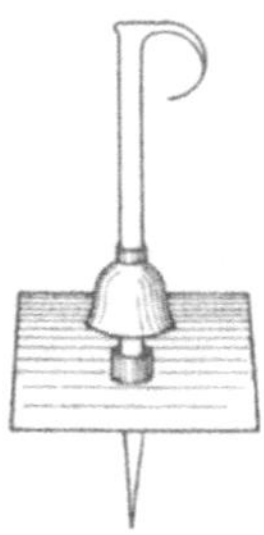

Fig. 153.

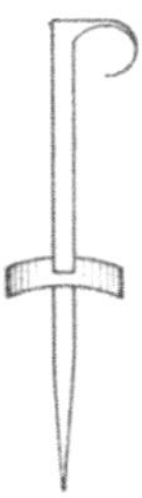

Fig. 154.

sich nicht gut spannen lassen, kann eine vollkommene Geradführung dadurch erzielt werden, daß zuerst dünne Drähte gespannt, an diesen die Blitzableitungen, welche alsdann um die Stärke der Spanndrähte schwächer gehalten werden können, mittelst Bindedraht in entsprechenden Abständen befestigt werden. Eine dauernde Geradhaltung gespannter Leitungen ist besonders bei Kupferleitungen wegen des abwechselungsweisen Ausdehnens und Zusammenziehens infolge von Temperaturunterschieden ohne zeitweises Nachspannen nicht zu erzielen.

Die Dachstützen solcher abstehender Leitungen geben leicht Anlaß zu Undichtheiten des Dachs und zu Differenzen zwischen dem Blitzableitersetzer und dem für die Wasserdichtheit des Dachs verantwortlichen Dachdecker.

Diese Leitungen sehen, auch wenn sie vollkommen geradlinig geführt sind, nicht schön aus, man sucht sie deshalb bei Monumentalbauten möglichst zu vermeiden und legt die Leitungen unmittelbar auf die Dachflächen.

Bei den hierbei sich ergebenden großen Berührungsflächen der Blitzleitungen mit dem Gebäude werden die sonst beim Durchgang des Blitzstroms durch die Leitung entstehenden Erschütterungen vermindert, so daß eine Lockerung der Stützen weniger leicht vorkommt, auch sind die Herstellungs- und Unterhaltungskosten der Leitung billigere. Solche unmittelbar auf den Dachflächen aufliegende Leitungen sind z. B. in Hannover längst üblich und haben sich gut bewährt. Sie werden dort nach Angabe des Blitzableiterfabrikanten R. Siemsen in Hannover

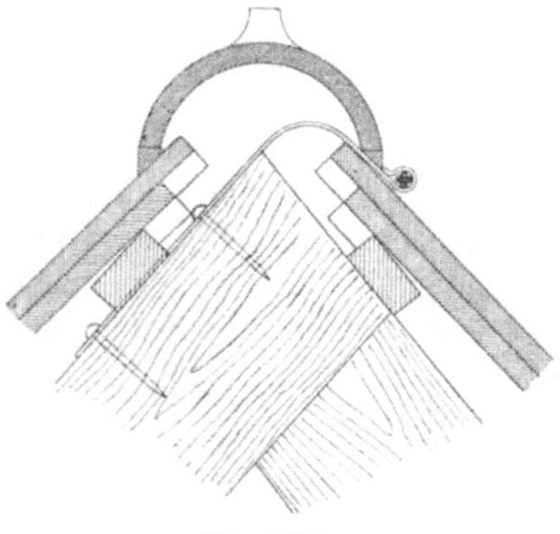

Fig. 155.

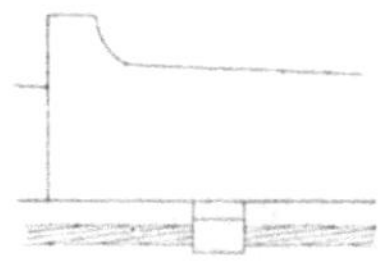

Fig. 156.

mittelst ca. 2 mm dicken Bindedrahts aus Kupfer bei Kupferleitungen und mit ebenso starkem verzinktem Eisendraht bei Eisenleitungen an den Dachlatten oder der Dachschalung in Abständen von ca. 1 m so befestigt, daß sich die Leitung auch bei starkem Sturm nicht bewegen kann. Die Firstleitungen werden in diesem Fall nicht auf, sondern unmittelbar neben die Firstziegel gelegt.

Eine dauerhaftere und den Erschütterungen beim Blitzdurchgang mehr widerstehende Befestigung ist diejenige mittelst Haltern aus verzinktem Bandeisen ca. 30/3 mm stark (Fig. 155 u. 156); dieselben werden an jedem Sparren oder an besonderen Firsthölzern mit 2 Nägeln festgenagelt. Die Leitung wird durch angenietete Federn aus verzinktem 25/2 mm starkem Kupferband wie in Fig. 157 oder in dem unteren hakenförmig umgebogenen Teil der Halter wie in Fig. 158 festgeklemmt.

In ähnlicher Weise werden die Dachableitungen in Abständen von ca. 2 m

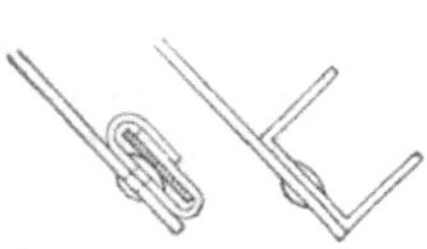

Fig. 157.

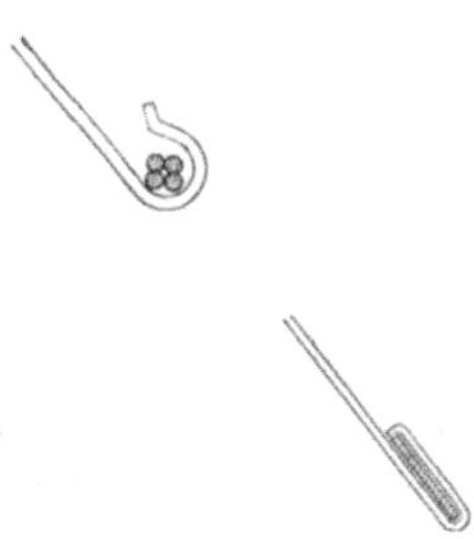

Fig. 158.

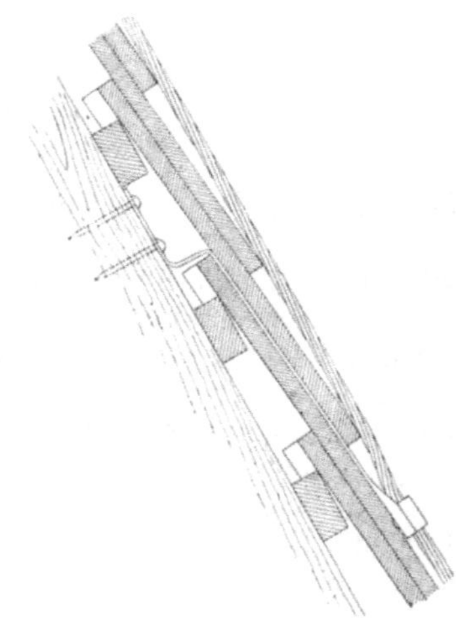

Fig. 159.

befestigt (Fig. 159). Die Halter werden hier an die Dachlatten oder auf die Sparren genagelt. Die beiden Lappen der am unteren Ende angenieteten Kupferbandfeder wird, wie aus Fig. 160—162 ersichtlich ist, um die Draht-, Drahtseil- oder bandförmige Leitung geschlagen. In Fig. 163 u. 164 ist eine Befestigungsart gezeigt, bei welcher statt der angenieteten

Kupferfeder eine Rohrschelle verwendet ist. — Die First- und Dachleitungshalter können bei einer Stärke von ca. 30/2 mm auch ganz aus Kupfer hergestellt werden.

Um bei seitlich neben die Firstziegel gelegter Firstleitung ohne Verwendung von Auffangstangen eine Beschädigung der Firstziegel an der Blitzeinschlagstelle sicher zu vermeiden, können die Firstleitungsträger an jedem oder

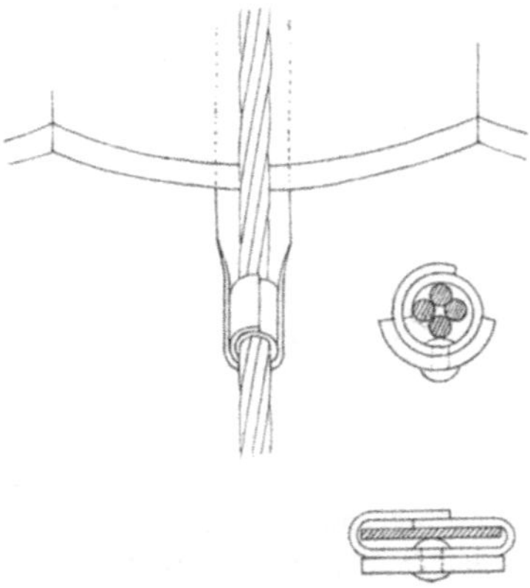

Fig. 160—162.

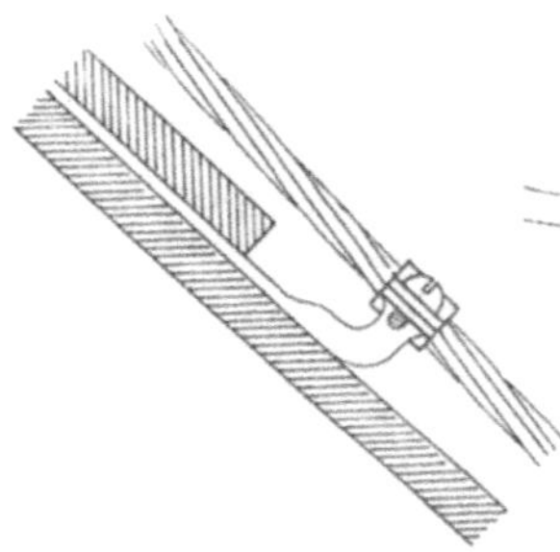

Fig. 163.

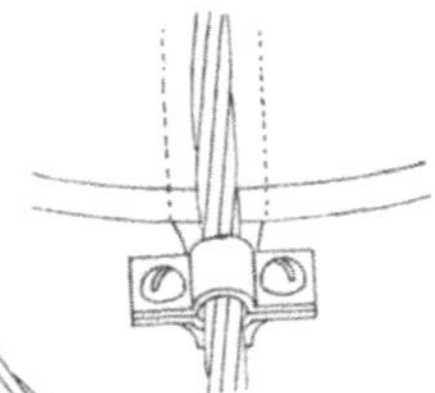

Fig. 164.

jedem zweiten Sparren mit angenieteten oder angeschraubten Kupferbandspitzen wie in Fig. 165 versehen werden.

Wenn auf die Führung der Leitung über der Mitte der Firstziegel nicht verzichtet werden soll und auf schönes Aussehen kein Wert gelegt wird, so können auch die in Fig. 166 u. 167 dargestellten zweiteiligen Firstträger aus ca. 30/3 mm starkem verzinktem Bandeisen Anwendung finden. Die beiden Teile

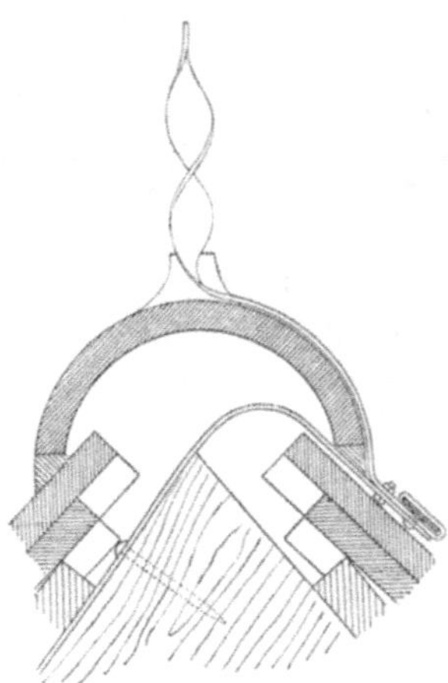

Fig. 165.

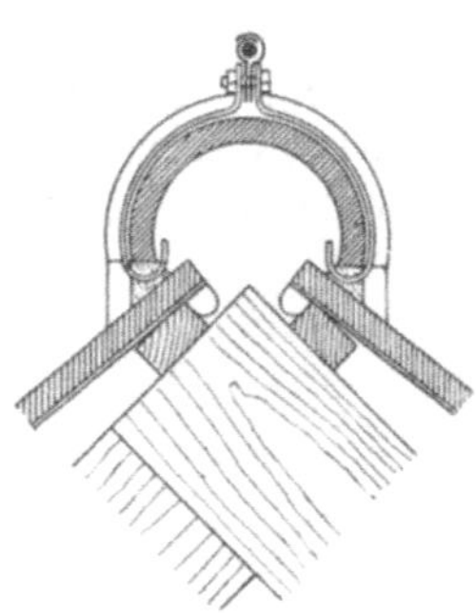

Fig. 166.

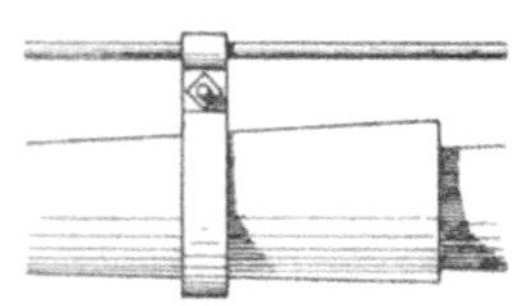

Fig. 167.

werden zwischen den Firstziegel und die oberste Dachplatte geschoben. Die Leitung wird mittelst der oben angeschraubten Kupferbandfedern festgehalten.

Bei untergeordneten ländlichen Bauten kann die Befestigung der Firstleitung auch mittelst Bindedraht wie in Fig. 168 u. 169 geschehen. Diese Befestigungsweise ist nur anwendbar bei Vorhandensein größerer gut in Mörtel versetzter oder an die Sparren genagelter Firstziegel. Kleine Hohlziegel gestatten keine sichere Befestigung. Bei Dachreparaturen können leicht Beschädigungen solcher unmittelbar an den Firstziegeln be-

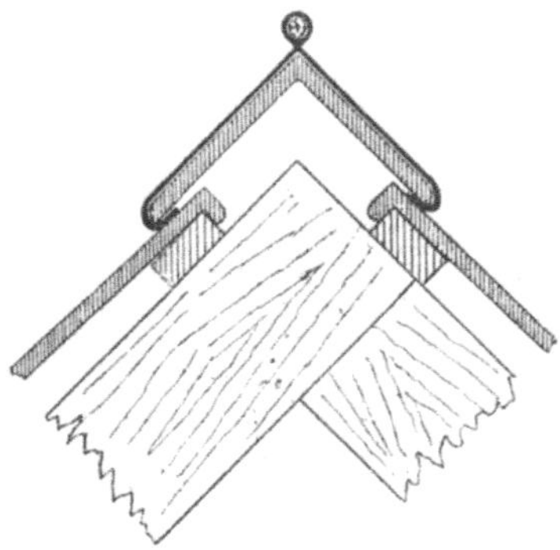

Fig. 168.

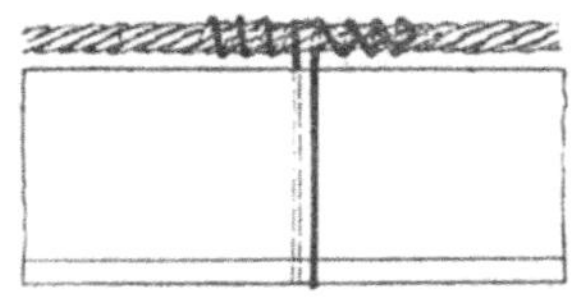

Fig. 169.

festigter Leitungen vorkommen, weshalb nach jeder solchen Dacharbeit eine sachverständige Besichtigung der Leitung erforderlich ist.

Auch bei Fabrikschornsteinen kann die Leitung unmittelbar am Mauerwerk anliegend herabgeführt und mittelst in die Mauerfugen neben Eichenholzdübel eingetriebener eiserner Haken in Abständen von etwa 1 m befestigt werden.

Bei nicht unmittelbar anliegenden Leitungen geschieht die Befestigung in Abständen von ca. 2 m mittelst in die Fugen getriebener oder einzementierter Stützen wie in Fig. 145—149.

Die Anbringung der Auffangstangen an Fabrikschornsteinen (Fig. 51 u. 52) und der Leitung geschieht einfach und schnell mittelst des in Fig. 170 dargestellten Flaschenzug-Fahrzeugs, zu dessen Bedienung 2 Mann erforderlich sind. Ein solches Fahrzeug findet auch bei der Herstellung von Turmleitungen Anwendung. (Empfehlenswerte Bezugsquelle: J. O. Zwarg, Freiberg i. Sachsen.)

Fig. 170.

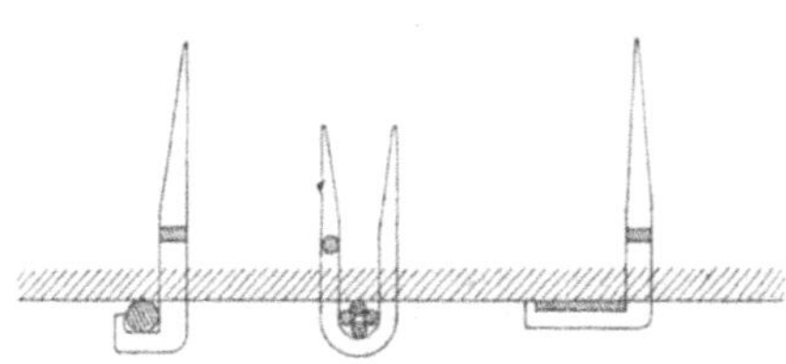

Fig. 171.

An massiven und Fachwerkswänden können unmittelbar anliegende Leitungen mittelst der in Fig. 171 dargestellten verzinkten eisernen Haken mit ca. 8—10 cm langen Stiften unter Vermeidung von Quetschungen der Leitung befestigt werden. Bei Kupferleitungen empfiehlt sich auch hier die Zwischenlage eines Bleifutters. Bei massiven Wänden werden die Haken in Abständen von nicht weniger als 1 m in oder unmittelbar neben Eichenholzdübel, welche vorher in die Mauerfugen getrieben worden sind, geschlagen. Bei verblendeten massiven oder Fachwerkswänden können die Leitungen zum besseren Schutz gegen Rost, aus Schönheitsrücksichten und zur Vermeidung sogenannter Regenstreifen unter den Wandputz gelegt werden. Bei Holzzementdächern wird die Leitung ohne weitere Befestigung in die Kiesschüttung eingescharrt.

Eine Isolierung der Leitungen vom Gebäude, wie sie früher vielfach verlangt wurde, ist nicht nötig und wäre praktisch auch nicht wohl durchführbar. Für einen ruhigen, möglichst widerstandslosen Ausgleich der Wolken- und Erdelektrizität innerhalb des Bereichs des Gebäudes erscheint es vielmehr vorteilhaft, wenn der Blitzableiter selbst möglichst großflächig ist und sich in großflächiger Berührung nicht bloß mit feuchter Erde, sondern auch mit den Baumaterialien des Hauses befindet.

Fig. 173.

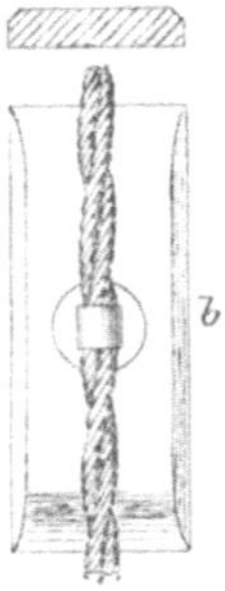

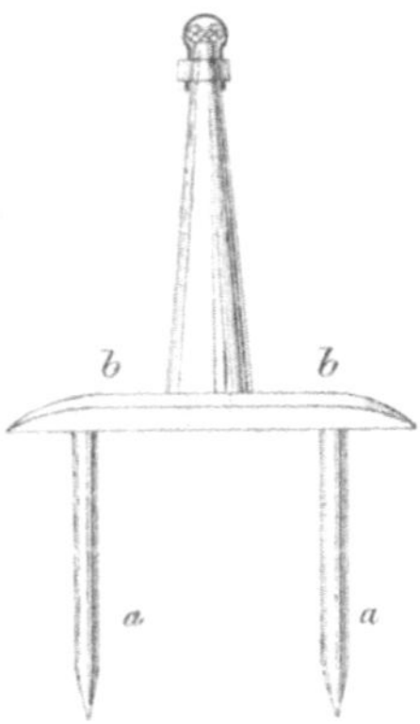

Fig. 172.

Fig. 174.

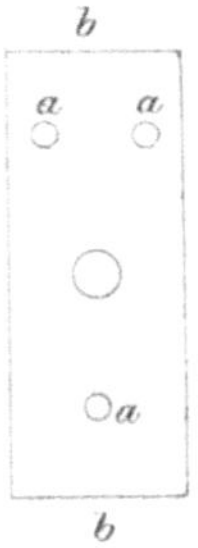

Bei Gebäuden mit Strohdächern, wo das Stroh mittelst Eisendraht an die Dachlatten befestigt ist, können zwischen den Blitzleitungen und den Eisendrähten oder infolge von Induktion zwischen diesen selbst Funken überspringen, wodurch die Entzündung des Strohs möglich wird.

Es empfiehlt sich deshalb hier, eiserne, die Strohbedachung durchdringende Auffangstangen und eiserne Stützen zu vermeiden und die Leitungen in einer Entfernung von ca. 40 cm von den Dachflächen zu führen.

Auch bei Lander-, Schindel-, Dachpappe- u. dgl. Dachbedeckungen aus verbrennbarem Material erscheint es angezeigt, die Dachleitungen nicht unmittelbar auf den Dachflächen aufliegen zu lassen, sondern einen Abstand von ca. 20 cm einzuhalten.

Z. B. in Schleswig-Holstein, wo noch viele ländliche Gebäude mit Stroh gedeckt sind, finden die in Fig. 172—174 dargestellten ca. 60 cm hohen Dachstützen aus Hartholz Anwendung. Die Pfähle a durchdringen die Strohbedachung; das auf letzterer aufsitzende Brett b dient zur Regendichtung. Eine solide Befestigung der Dachstützen wird übrigens auch dadurch erzielt, daß man dieselben unter den Regenschutzbrettern so weit fortführt, daß sie seitlich an den Dachsparren befestigt werden können

(Fig. 175 u. 176). Auffangstangen, wo solche nicht entbehrt werden wollen, sind bei Gebäuden mit Strohdächern auf Holzpfählen zu befestigen, oder es sind die Dachleitungen an senkrechten Holzpfählen emporzuführen.

Bei kleinen niederen Häusern kann auch eine Anordnung wie in Fig. 32 in Frage kommen. (Führung der Leitung über freistehende Stangen neben dem zu schützenden Haus.)

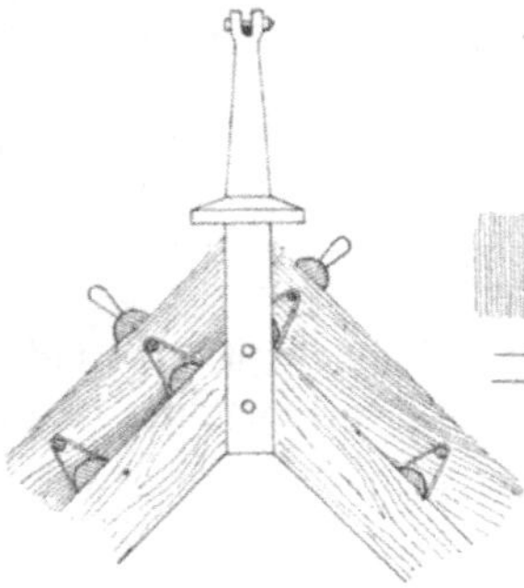

Fig. 175.

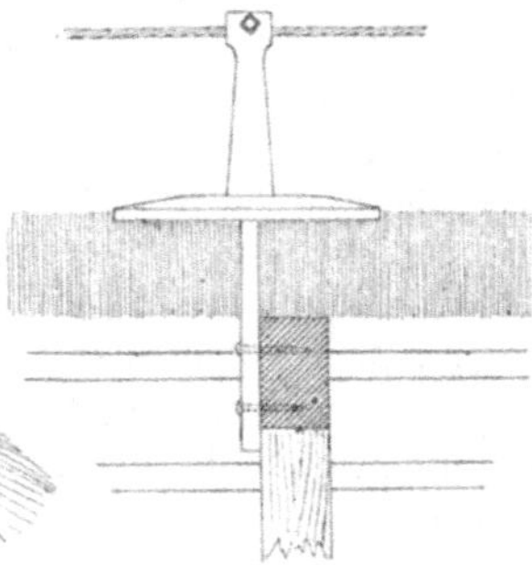

Fig. 176.

Tief in die Dachflächen und Wände eingreifende eiserne Stützen sind überall da zu vermeiden, wo ihnen eiserne Anker oder sonstige Eisenteile nahekommen können. Es ist dies ein weiterer Grund, warum im allgemeinen die dicht anliegenden Leitungen, welche nur kleine Stifte oder Halter beanspruchen, den abstehenden Leitungen vorzuziehen sind.

Bei Gebäuden mit explosiblem Inhalt und großen beweglichen Metallmassen, deren Anschluß an den Blitzableiter unmöglich ist, z. B. bei Pulver- und Munitionsmagazinen sucht man die nach dem Faradayschen Käfigschutz anzuordnenden Gebäudeleitungen von den Metallmassen und explosiblen Stoffen möglichst entfernt zu halten und zu isolieren. Die deutsche

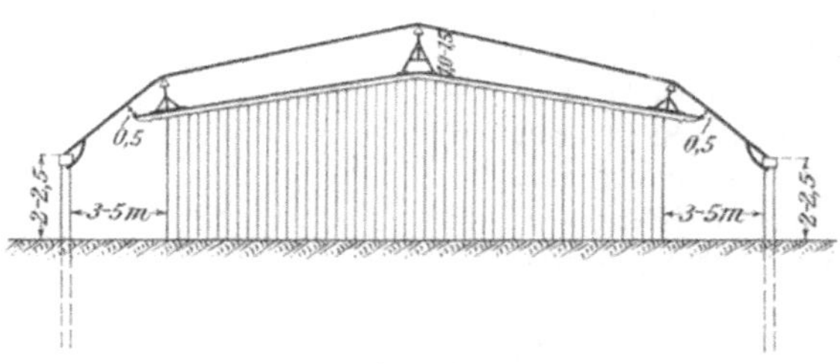

Fig. 177.

und österreichische Militärverwaltung verwenden zu diesem Zweck 1 bis 1,5 m hohe hölzerne Dachstützen mit Isolatoren und führen die Ableitungen durch Eisenrohre in einem Abstand von 3—5 m vom Gebäude zur Erde (Fig. 177 u. 178).

Die eisernen Befestigungsmittel jeder Art sollten stets nur in gut verzinktem Zustand zur Anwendung kommen. Unverzinkte Eisenteile haben einen dicken, rostschützenden, nach Bedürfnis zu erneuernden Anstrich zu erhalten, vgl. oben S. 74.

Zum Schutz der Ableitungen gegen mechanische Beschädigungen empfiehlt es sich, dieselben auf eine Höhe von ca. 2 m über dem Erdboden mit hölzernen Kästen, Drahtgeflechten oder Eisenröhren zu um-

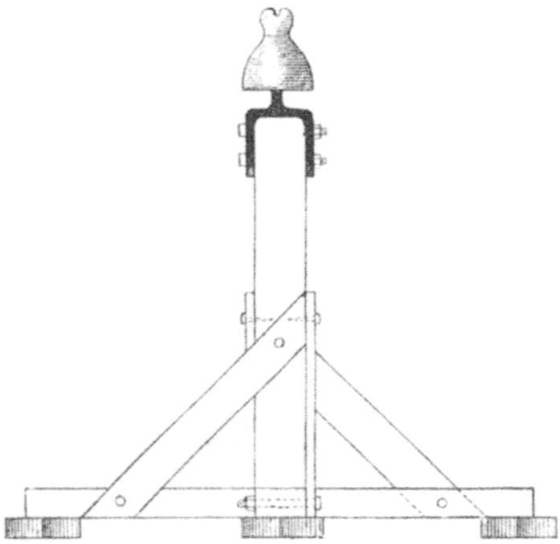

Fig. 178.

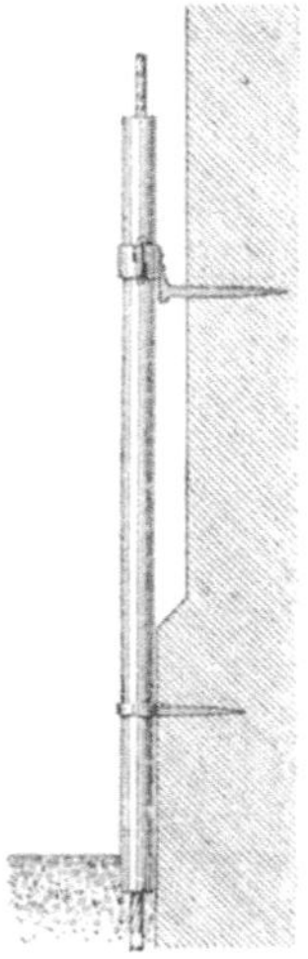

Fig. 179.

hüllen (Fig. 179). Im letzteren Falle ist jedoch die Leitung mit dem oberen und unteren Ende des Schutzrohrs in gut leitende Verbindung zu bringen.

3. Erdleitungen.

a. Natürliche Erdleitungen.

Als solche kommen in erster Linie in Betracht die unterirdischen Gas- und Wasserleitungen. Die gewöhnlich aus demselben Material wie die Gebäudeleitungen bestehenden unterirdischen Zuleitungen zu den Gas- und Wasserleitungen führt man, um sie gegen mechanische Beschädigungen zu schützen und damit sie zugleich als Oberflächen-Erdleitungen dienen, in einer gegen äußere mechanische Einflüsse genügend geschützten Tiefe von etwa 40 cm unter der Erdoberfläche und unter Berücksichtigung vorhandener dauernd feuchter Stellen bis in die Nähe der Rohranschlußstelle, wo sie alsdann auf die erforderliche Tiefe versenkt werden.

Zur Vermeidung von Rohrbeschädigungen ist bei der Herstellung von Anschlüssen an Gas- und Wasserleitungen mit besonderer Vorsicht zu verfahren und für eine möglichst großflächige, dichte, feste und dauerhafte Verbindung Sorge zu tragen. Zu dauerndem Rostschutz werden die Anschlußstellen am besten dick mit Asphalt umgossen.

Von manchen Stadtverwaltungen wird die Verwendung der sehr vollkommenen Schellenverbindung Fig. 180 u. 181 vorgeschrieben. Das Blitzableiterkabel wird mehrmals um das blank gemachte Rohr gewickelt, über die Umwicklung eine kräftige, aus zwei Teilen bestehende Gußeisenschelle gelegt, hierauf in der beim Rohrverlegen üblichen Weise der ringförmige Zwischenraum zwischen dem Rohr und der Schelle an den beiden Außenseiten mit Ton zugeklebt, dann in den Eingußtrichter Walzblei gegossen und schließlich dieser Einguß gleich den Muffen gußeiserner Röhren durch kräftiges Schlagen verstemmt.

Fig. 180.

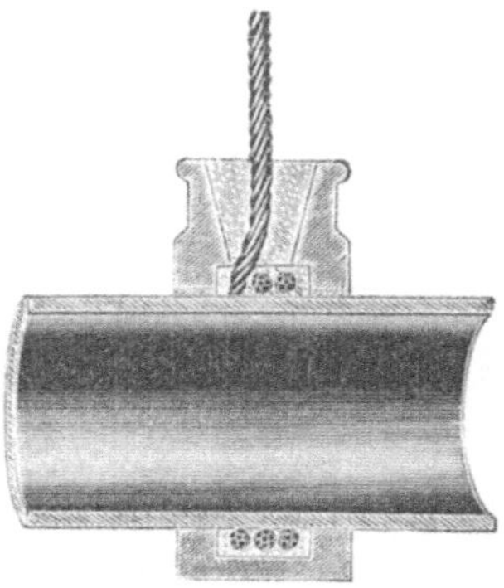

Fig. 181.

Bei Drahtseilblitzableitern und bei bandförmigen Ableitern wird eine einfache und gute Verbindung dadurch bewerkstelligt, daß man das in seine Einzeldrähte aufgelöste Drahtseil oder das Band mehrmals um das blankgeschabte Rohr schlingt und eine gewöhnliche Anbohrstelle umlegt. Da die Schelle das Rohr nicht dicht umschließt, so werden die Fugen zwischen

Fig. 182.

Fig. 183.

Fig. 184.

Rohr und Schelle mit Lehm verstrichen, ebenso die anderen offenen Stellen. Sodann werden die Hohlräume ähnlich wie bei Fig. 180 u. 181 mit Blei ausgegossen und der Ausguß verstemmt.

Bei Vorhandensein von Kupferdrahtseilen zur Zuleitung können zweckmäßigerweise auch die in Fig. 182 u. 183 dargestellten, von J. Biechteler in Kempten zu beziehenden Anschlußschellen Verwendung finden. Fig. 184 zeigt, wie der Draht, bevor er übers Rohr gelegt wird, über ein Flacheisen gewunden werden soll. Wenn der gewundene Draht über das blankgefeilte Rohr gelegt ist, wird derselbe mittelst der zweiteiligen Rohrschelle fest aufgeklemmt. Diese wird ringsum mit einer Lehmform versehen, mit Blei ausgegossen und der Ausguß nachträglich gut verstemmt.

Eine solide Verbindung ist auch die von R. Siemsen in Hannover angewendete (Fig. 185 u. 186). Zuerst wird die Leitung mit einem starken, nach der Rundung des Rohres abgebogenen Kupferblech vernietet und hart verlötet. Sodann wird dieses Blech mit einer Walzbleiunterlage mittelst zweier zweiteiliger Rohrschellen an das blank gemachte Rohr geklemmt. Die ganze Verbindung erhält einen dicken rostschützenden Anstrich.

Fig. 185.

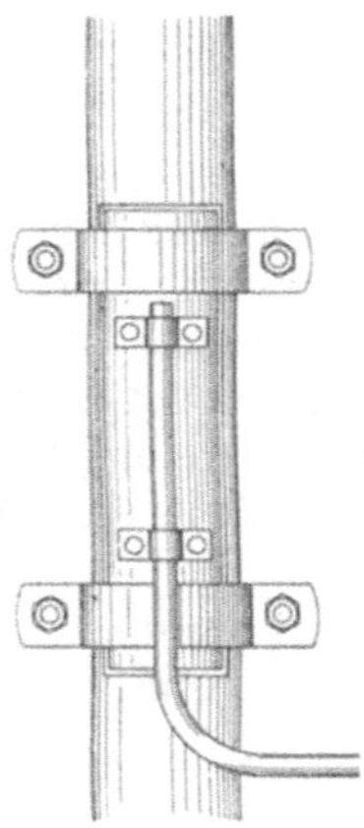

Fig. 187 u. 188 zeigen den Anschluß einer Kupferbandleitung an ein unterirdisches Wasserleitungsrohr mit einfacher kupferner Rohrschelle. Das blank gemachte Rohr wird zwischen das Leitungsband und einen Walzbleistreifen gelegt. Darauf, daß dieser Streifen mittelst der Schelle fest an das Rohr gelegt wird, ist besonders zu achten.

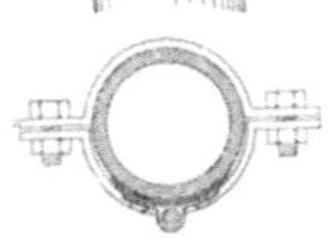

Fig. 186.

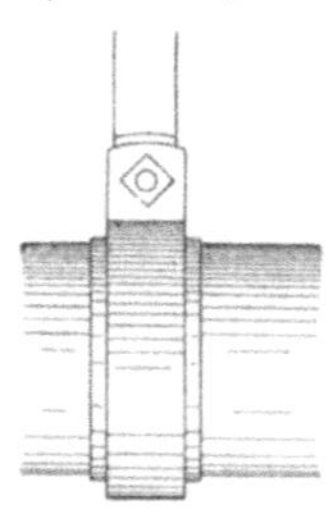

Fig. 187.

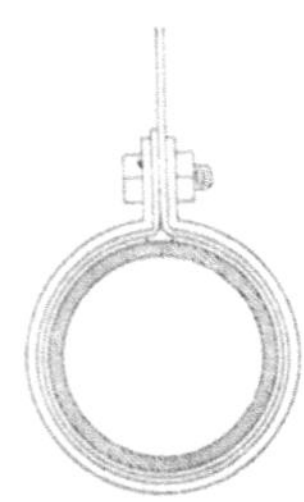

Fig. 188.

Auch die in Fig. 117—122, 124 u. 125 für Anschlüsse an Auffangstangen und an die in den Gebäuden aufsteigenden Rohrleitungen empfohlenen Verbindungen können bei entsprechender Vorsicht und gutem Rostschutz zu Anschlüssen an unterirdische Gas- und Wasserleitungsrohre Verwendung finden.

Zur Vermeidung von Streitigkeiten zwischen den Gas- und Wasserwerksverwaltungen und den Hausbesitzern bei erforderlichen Rohrauswechselungen an der Anschlußstelle und an Stelle unbegründeter Erschwerungen empfiehlt sich eine Vereinbarung folgenden Inhalts:

„Die Direktion der Gas- und Wasserwerke behält sich das Recht vor, über die Rohrleitungen frei zu verfügen, dieselben zu verändern und zu beseitigen, ohne daß sie auf vorhandene Anschlüsse von Blitzableitungen Rücksicht zu nehmen hat. Wenn ein Anschluß wegen Arbeiten an den Rohrleitungen fortfällt und an einer anderen Stelle oder an einer anderen Rohrleitung wieder angebracht werden soll, so trägt der betreffende Hauseigentümer alle hieraus entstehenden Kosten.“

§ 10 der Münchener Vorschriften vom 7. Juni 1900 lautet:

„Für etwaige Beschädigungen an den Rohrnetzen und deren Zubehörungen, an Anschlußleitungen, Ventilen, Wassermessern usw. durch Arbeitsvornahme bei Herstellung, Reparaturen und Änderungen von Blitzableitern hat der betreffende Anwesensbesitzer aufzukommen.“

In den meisten Fällen wird man jedoch auf einen Anschluß an das Hauptstraßenrohr verzichten und denselben an dem dem Hausbesitzer selbst gehörigen Hauszuleitungsrohr ausführen. Auch der Anbringung des Anschlusses im Innern des Hauses zwischen der Eintrittstelle des Zuleitungsrohrs und dem Gas- oder Wassermesser steht ein Hindernis nicht entgegen. Diese Anschlüsse haben sogar den Vorteil, daß sie gegen Zerstörung durch Rost besser geschützt und stets sichtbar und zugänglich bleiben.

Natürliche Erdleitungen von annähernd gleicher Güte, wie die Gas- und Wasserleitungen bilden auch die Schienengeleise der Eisenbahnen. Dieselben sind widerstandsfähig genug, um auch bei nicht unmittelbarer Berührung mit der Blitzableitung den Schlag gefahrlos aufnehmen und ableiten zu können; durch guten unmittelbaren Kontakt wird aber die Wirksamkeit des Blitzableiters erhöht, und empfiehlt sich deshalb die Anwendung von Laschenverbindungen mit wenigstens 40 qcm Berührungsfläche, welche zweckmäßig an der unteren Seite der Schienen angebracht werden. Die Leitung kann aber auch mittelst einer Schienenstoßlasche an die Schiene gepreßt werden.

Ebenfalls gute natürliche Erdleitungen liefern eiserne Brunnen oder Pumpen, eiserne Wasserräder und Turbinen, an deren feststehenden Teilen die Zuleitungen, wie früher beschrieben, anzuschließen sind.

b. Besondere Leitungen.

Als Material für besondere Erdleitungen kommen Kupfer, Eisen mit Kupfermantel, verzinktes Eisen, unverzinktes Guß- und Schmiedeeisen, Aluminium, Zink und Blei in Betracht.

Bei den Erdleitungen ist erhöhte Rücksicht auf möglichste Dauerhaftigkeit des Materials zu nehmen.

Die in der Erde liegenden Metalle, hauptsächlich die in den oberen abwechselungsweise nassen und trockenen Erdschichten befindlichen, sind naturgemäß der Zerstörung durch Oxydation mehr ausgesetzt als die an der Luft oder dauernd in reinem Wasser liegenden. Die größere oder geringere Haltbarkeit der Erdleitungsmaterialien hängt wesentlich von der Bodenbeschaffenheit ab. Die Zerstörung der Metalle schreitet viel rascher fort in mit Fäulnisstoffen, Säuren und Salzen durchtränktem Boden als z. B. in reinem Sand- oder Lehmboden. Es besteht aber auch ein großer Unterschied zwischen den einzelnen Metallen.

Das dauerhafteste Erdleitungsmaterial ist Kupfer in verzinntem Zustand, aber auch in unverzinntem Zustand ist Kupfer von großer Dauer. Zu empfehlen ist auch die Anwendung von Doppelmetalldrähten aus

Eisen oder Stahl mit Kupfermantel (vgl. oben S. 54), wofür bei Erdleitungen die gleiche Stärke wie für massive Kupferdrähte genügt. Auch die Haltbarkeit des Aluminiums scheint bei nicht zu ungünstigen Bodenverhältnissen von großer Dauer zu sein. Zink und Blei halten sich ebenfalls gut, Zink jedoch besser als Blei. In Schleswig-Holstein und bei der Reichstelegraphenverwaltung werden seit längerer Zeit 2 mm starke Platten aus Zink zu Erdleitungen benützt und haben sich gut bewährt. Seiner größeren Billigkeit halber findet häufig verzinktes Eisen in Platten-, Blech-, Rohr-, Band- und Drahtform Anwendung. Zinkdrähte, bei welchen der $1^1/_2$ fache Querschnitt eiserner Leitungen nötig ist, erscheinen auch sehr geeignet zur Herstellung von Erdleitungen, sie sind zu beziehen durch die Eisenhandlungen von der Société anonyme Vieille Montagne, Chênée, Belgien.

Die Herstellung von Erdleitungen aus verzinkten Eisendrähten oder Drahtseilen empfiehlt sich namentlich für die weniger bemittelten Hausbesitzer auf dem Lande, welche sich erfahrungsgemäß nur bei den geringsten Kosten zur Anbringung eines Blitzableiters entschließen können. Wenn beim Transport und der Verlegung streng darauf geachtet wird, daß der Zinküberzug nicht abgeschürft wird, so ist auch bei diesem Material auf eine lange Dauer zu rechnen. Wenn je im Laufe der Zeit eine teilweise oder ganze Erneuerung solcher Erdleitungen erforderlich wird, so ist diese insbesondere bei den in geringer Tiefe unter der Erdoberfläche verlegten Leitungen leicht und mit geringen Kosten zu bewerkstelligen.

Wegen seiner besonders raschen Zerstörung ist die Verwendung gegen Rost nicht geschützten Eisens in Draht- oder Bandform als Erdleitungsmaterial auszuschließen, nur bei sehr großen Eisenmassen, z. B. alten Eisenbahnschienen und dicken Gußeisenrohren, kann auf eine verhältnismäßig lange Lebensdauer auch in ungeschütztem Zustand gerechnet werden. Die Verwendung eines schützenden Teer- oder Asphaltanstrichs wird, weil dadurch die Ausbreitungsfähigkeit beeinträchtigt würde, außer bei den Verbindungsstellen, im allgemeinen nur bei solchen Bodenleitungen als zulässig erklärt, welche nicht selbst als Erdleitungen dienen, sondern nur Zwischenglieder zwischen den eigentlichen Erdleitungskörpern und den Luftleitungen bilden, wie dies z. B. bei den Anschlußleitungen an unterirdische Gas- und Wasserleitungen der Fall ist. Es dürften aber doch bei sehr ausgedehnten Erdleitungen und Erdleitungskörpern gegen die Anwendung eines schützenden Anstrichs ebensowenig prinzipielle Bedenken bestehen, als gegen den Asphaltüberzug der unterirdischen Gas- und Wasserleitungen, durch welchen erfahrungsgemäß der Ausbreitungsfähigkeit dieser natürlichen Erdleitungen kein Eintrag geschieht (vgl. die Denkschrift des Verbandes deutscher Architekten- und Ingenieurvereine über den Anschluß der Gebäudeblitzableiter von Gas- und Wasserleitungen 1892, S. 22 ff.).

Nach den bei Eisenbetonkonstruktionen gemachten Erfahrungen bietet die Umhüllung von Eisenstäben mit Zement einen ausgezeichneten Rostschutz. Die Dauerhaftigkeit verzinkter und unverzinkter eiserner Erdleitungen kann daher auch durch einen dicken Portlandzementanstrich wesentlich erhöht werden.

Erfahrungen darüber, welchen Einfluß ein solcher Anstrich auf den Erdübergangswiderstand für den Blitz ausübt, liegen jedoch bis jetzt nicht vor.

Sowohl zur Verminderung des Erdübergangswiderstands als zur Erhöhung der Dauerhaftigkeit des Erdleitungsmaterials trägt die Einbettung desselben in eine Lehmschüttung bei. Man gibt derselben eine muldenförmige Oberfläche, so daß sich das Regenwasser dort ansammeln kann, wodurch der Lehm dauernd feucht erhalten bleibt. Mehr noch kann der Übergangswiderstand vermindert werden durch Einbettung der Erdleitungen in groben Koks, Koksasche oder Steinkohlenlösche, weil diese Stoffe die Fähigkeit besitzen, die im Boden befindliche Feuchtigkeit aufzusaugen und festzuhalten; sie werden zweckmäßig mit etwas Erde vermischt.

Zur Ableitung des Blitzes genügt für die Erdleitungen, weil sie die Fortsetzung der Gebäudeleitungen bilden, die Stärke der letzteren. Gemeinsame Erdleitungen für sämtliche Gebäudeleitungen sollten aber nicht weniger als die Stärke einfach verzweigter Gebäudeleitungen erhalten (vgl. oben S. 57).

Die Leitungsverbindungen, Abzweigungen und Anschlüsse an Rohrleitungen und sonstige Erdleitungskörper werden wie bei den Gebäudeleitungen hergestellt, nur ist wegen der leichteren Zerstörbarkeit des Materials im Boden auf einen guten rostschützenden Anstrich der Verbindungsstellen ein ganz besonderes Augenmerk zu richten. Bei Anwendung der auf S. 59 bis 61 beschriebenen Verschnürungen empfiehlt es sich, die ganze Verbindung zu besserem Rostschutz mit einer Kappe aus Walzblei zu umhüllen, was um so eher geschehen kann, als es bei den im Boden liegenden Leitungen auf ein gutes Aussehen der Leitungen nicht ankommt. — Die Verbindungen aus bandförmigen Erdleitungen werden am besten durch Hartlot und Vernietung wie in Fig. 104 hergestellt.

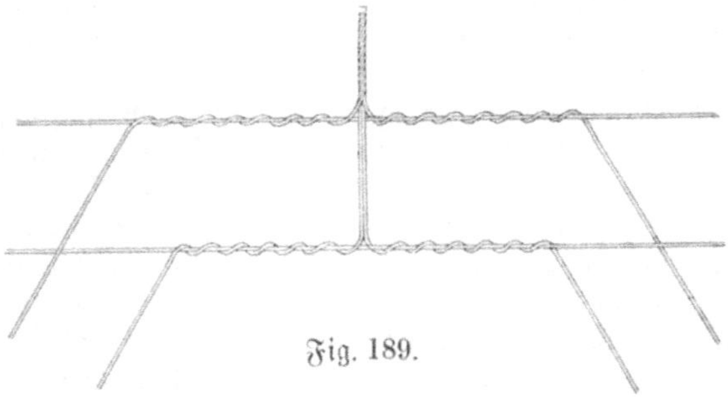

Fig. 189.

Soll die Erdleitung, wie oben S. 32 beschrieben, durch mehrere nebeneinander geführten Drähte hergestellt werden, und bestehen die Zuleitungen von den Gebäudeleitungen aus Drahtseil, so wird das letztere in seine Einzeldrähte aufgelöst. Durch mehrmaliges Umschlingen dieser Drähte mit den Erdleitungsdrähten auf eine Länge von ca. 60—70 cm wird alsdann eine genügend dichte und großflächige Verbindung hergestellt (Fig. 189).

Gute großflächige Oberflächenleitungen lassen sich leicht auch dadurch herstellen, daß man die unterirdische Fortsetzung einer drahtseilförmigen Gebäudeleitung in ihre Einzeldrähte auflöst (Fig. 190), diese in Abständen von ca. 20 cm parallel nebeneinander ca. 10 m weit fortführt und in ähnlicher Weise vom unaufgelösten Teil des Drahtseils aus senkrecht zu seiner Richtung eine größere Anzahl von Einzeldrähten abzweigen läßt.

Bestehen die Ableitungen je aus einem einzigen Massivdraht, so sind

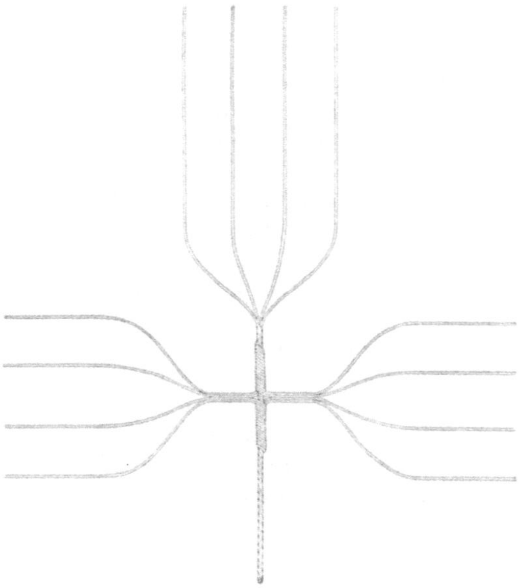

Fig. 190.

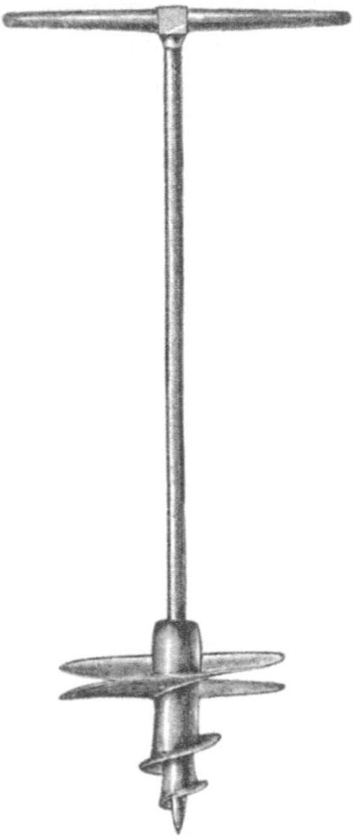

Fig. 191.

mehrere nebeneinandergeführte Erdleitungsdrähte an der Abzweigungsstelle zu einem Strang zusammenzufassen und mit dem Ableitungsdraht in ähnlicher Weise wie bei Fig. 190 durch Verschnürung und Verlötung oder auf irgend eine andere der oben S. 61—66 beschriebenen Arten zu verbinden.

Fig. 192.

Befindet sich das Grundwasser in leicht erreichbarer Tiefe, so führt man die Erdleitungsdrähte oder Bänder zuerst wie bei Oberflächenleitungen ca. 40 cm unter der Erdoberfläche bis zum Grundwasserschacht, versenkt sie dort und sucht durch beliebige ring-, zickzackförmige, drudenfußartige oder gekreuzte Lage der Drähte eine möglichst großflächige Berührung mit dem Grundwasser herzustellen. Besondere Erdplatten oder Erdleitungsnetze oder sonstige Erdleitungskörper sind alsdann entbehrlich.

Ist der Boden von lehmiger oder sandiger Beschaffenheit, so empfiehlt sich statt des umständlichen Aushebens von Schächten die Herstellung von Bohrlöchern vermittelst des in Fig. 191 dargestellten Erdbohrers. Wenn die Grundwasser führende Schicht erreicht ist, oft schon früher, wird zur Verhinderung des Einstürzens des angebohrten Erdreichs das Einsetzen besonderer Bohrrohre erforderlich, welche in ca. 3 m langen Stücken derart hergestellt sind, daß sich die konisch gearbeiteten Enden fest ineinanderstecken lassen. Innerhalb dieser Bohrrohre wird nun unter Verwendung eines Klappenbohrers Fig. 192 weiter gebohrt, wobei gleichzeitig die Bohrrohre von Zeit zu Zeit nachgeschoben werden. Der mit Erde sich füllende Klappenbohrer wird mit Hilfe der am Bohrgestell (Fig. 193) angebrachten Winde von Zeit zu Zeit heraufgeholt und sein Inhalt ausgeschüttet. Bei größerer Tiefe besteht das Bohrgestänge aus mehreren je 5 m langen Stücken, welche unverrückbar wie in Fig. 194 miteinander verschraubt sein müssen. Wenn ca. 2 m in das Grundwasser eingebohrt ist, wird der aus gerolltem Kupfer-, Zink-, Bleiblech, aus einem verzinkten Eisenrohr, einer alten Eisenbahnschiene oder aus einer größeren Anzahl von Drähten bestehende Erdleitungskörper mit der angeschlossenen Leitung in das Bohrloch versenkt, die Bohrrohre unter fortwährendem Drehen und gleichzeitigem Heben an der Winde aus dem Loch gezogen und das Bohrloch wieder mit Erde verfüllt.

Wo es die Bodenverhältnisse erlauben, kann die Erdleitung auch durch das Einrammen eiserner

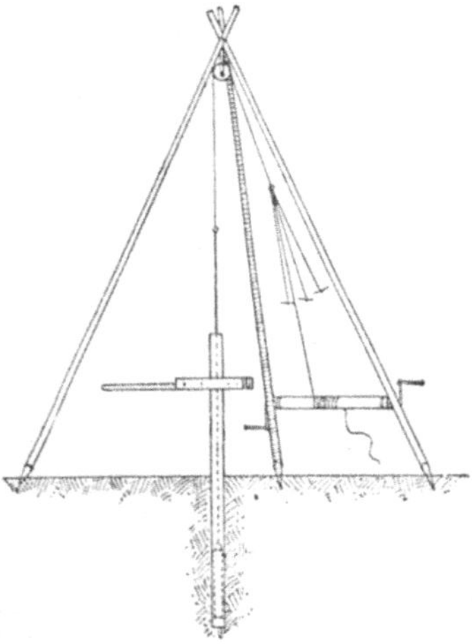

Fig. 193.

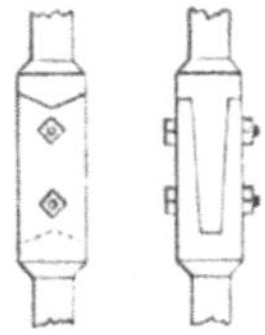

Fig. 194.

Fig. 195.

Rohre (Fig. 195) oder abessinischer Röhrenbrunnen hergestellt werden. Um oberhalb des Grundwassers das das Rohr umgebende Erdreich dauernd feucht zu erhalten, wird die Rohrwand mit einer größeren Anzahl von Durchlochungen versehen und dafür gesorgt, daß das Regenwasser dem Rohr zufließt. Eine ähnliche, in England besonders bevorzugte Erdleitung wird gebildet durch die „Tabular Earth“, Patent Killingworth Hedges, zu beziehen von der Carboid Company, London, Emery Hill Street, Westminster, S. W.

Nähere Auskunft über Erdbohrer und über das Einrammen von Brunnenrohren gibt das Werk von Tecklenburg: „Handbuch der Tiefbohrkunde“, Bd. 1 u. 2.

Die erforderlichen Werkzeuge können von F. O. Zwarg in Freiberg, Sachsen, welcher ebenfalls nähere Auskunft gibt, bezogen werden.

VII. Blitzschutz elektrischer Schwach- und Starkstromanlagen.

Elektrische Freileitungen, d. h. oberirdisch gezogene Drähte, wie sie für Schwach- und Starkstromanlagen benutzt werden, sind dem Blitzschlage nicht minder ausgesetzt wie die Gebäude. Je nach ihrer mehr oder weniger hohen und freien Lage ist ihre Gefährdung eine entsprechend verschiedene. Es ist schwer, sie durch irgend eine Form von Blitzschutzvorrichtung so zur Erde abzuleiten, daß die elektrische Anlage ganz unbeschädigt bleibt. Eine unmittelbare metallische Ableitung zur Erde ist nicht möglich, weil sonst auch der Betriebsstrom zur Erde geleitet wird und Erd- oder Kurzschluß entsteht.

Wenn der Blitz in eine elektrische Freileitung schlägt, so zerstört er in der Regel eine Strecke der Leitungsdrähte (sofern sie zur Blitzableitung zu schwach sind) und geht unter Durchschlagung der Isolatoren und häufig auch unter Zersplitterung der zunächst gelegenen Stangen zur Erde, ein Teil der Entladung wird in der Leitung weiter zu den elektrischen Maschinen, Apparaten und Einrichtungsgegenständen, oder zu vorhandenen Blitzschutzvorrichtungen und von diesen zur Erde geführt.

Sind die Leitungsträger an Gebäuden befestigt oder führt die elektrische Leitung in das Haus selbst, so kann bei einem Blitzschlag in die Leitung auch das Haus Schaden leiden.

Die Führung eines geerdeten Stacheldrahts oder besonderen Blitzableiterdrahts längs der ganzen Leitung und die Anbringung zahlreicher Stangenblitzableiter zum Schutz der Leitungen erscheint im allgemeinen entbehrlich, wo aber mit einfachen Mitteln ein Schutz zu erreichen ist, sollte er nicht versäumt werden. Z. B. beim Drei- oder Mehrleitersystem mit Nulleiter läßt sich ein einfacher Schutz dadurch erzielen, daß man den letzteren an höchster Stelle führt und denselben in Abständen von etwa 50—100 m an Erde legt. Es ist dann anzunehmen, daß der größte Teil der Entladung von diesem Schutzdraht aufgenommen und abgeleitet wird.

Bei den dem Blitzschlag in erhöhtem Maße ausgesetzten eisernen Telephonständern auf hohen Häusern empfiehlt es sich, dieselben zum Schutz der Häuser mit guten Erdleitungen zu versehen, oder sie an vorhandene Gebäudeblitzableiter anzuschließen; damit wird auch die Gefahr, daß ein in den Ständer einschlagender Blitz unter Durchbrechung der Isolatoren seinen Weg durch die Telephondrähte nimmt, vermindert.

Befindet sich in unmittelbarer Nähe des an einer Hauswand befestigten Leitungsträgers eine Wasserleitung oder ein Gebäudeblitzableiter, so ist es gut, den Träger hiermit in Verbindung zu bringen, oder besser noch den Isolator mit einem sogenannten Stangen- oder Platten-Blitzableiter zu versehen (s. S. 93).

Viel häufiger als eigentliche Blitzschläge in elektrische Freileitungen kommen elektrostatische Ladungen der letzteren durch die atmosphärische Elektrizität vor. Diese Ladungen suchen sich, wenn die Spannung groß genug geworden ist, dort, wo sie den geringsten Widerstand finden, mit der Erdelektrizität auszugleichen.

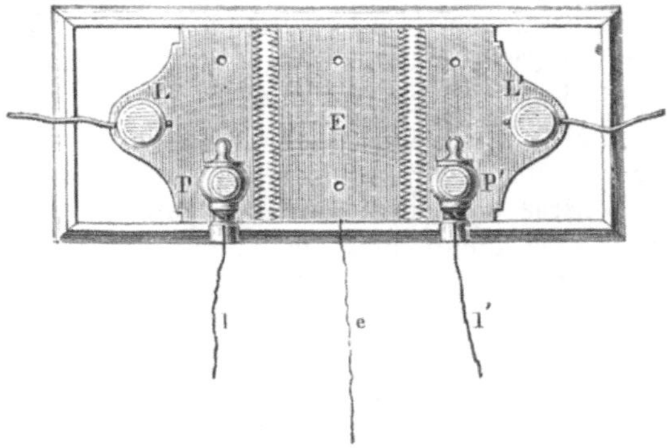

Fig. 196.

Es können auch plötzliche Ströme (Rückschläge, siehe oben S. 7) in den Leitungen entstehen dadurch, daß irgendwo in der Nähe ein wirklicher Blitz zur Erde geht, oder daß eine Entladung zwischen zwei über der Leitung befindlichen Gewitterwolken stattfindet. Im Moment der Entladung wird die unmittelbar vorher im Leitungsdraht gebunden gewesene statische Elektrizität plötzlich frei und hat nun das Bestreben, zur Erde überzuspringen. Dabei entsteht zwar in der Regel kein unmittelbarer Gebäudeschaden, wohl aber können erhebliche Beschädigungen an elektrischen Maschinen und Apparaten entstehen dadurch, daß die Isolationen der Drahtwicklungen durchgeschlagen und ein Kurzschluß verursacht wird. Ist der betreffende Raum nicht feuersicher, so kann auch ein Brand des Hauses entstehen.

Solche, sowie auch die durch Teilentladungen wirklicher Blitzschläge entstehenden Beschädigungen können vermieden werden durch geeignete Blitzschutzvorrichtungen (elektrische Schwach- oder Starkstromblitzableiter). Ihre Konstruktion beruht im wesentlichen darauf, daß in eine von der elektrischen Leitung abzweigende Erdleitung eine kleine Unterbrechungsstelle eingeschaltet wird. Da eine solche Unterbrechungsstelle dem Übergang des hochgespannten Entladungsstroms der atmosphärischen Elektrizität zu einer guten Erdleitung einen erheblich geringeren Widerstand darbietet, als die von der Erde isolierten elektrischen Leitungsdrähte mit den eine große Selbstinduktion besitzenden Wicklungen der elektrischen Maschinen und Apparate, so überspringt der Entladungsstrom jene Unterbrechungsstelle und verschont die Maschinen, Apparate und Einrichtungsgegenstände.

Fig. 196 zeigt eine solche einfache Blitzschutzvorrichtung. Die mittlere Metallplatte *E* ist mit der Erde, die seitlichen Platten sind durch die Klemmen *L* und L^1 mit den Betriebsleitungen verbunden.

In Fig. 197 ist ein sogenannter Stangenblitzableiter dargestellt. Um den Kopf einer Doppelglocke *G* aus Ebonit ist ein Messingring *M* gelegt, der einen Ansatz *Z* zum Einschrauben in die Stange oder in die Wand besitzt. Eine kreisförmige Platte *P* mit Querriffelungen ist

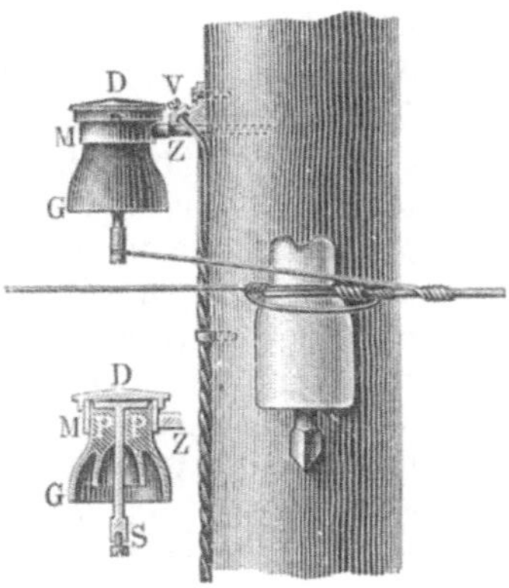

Fig. 197.

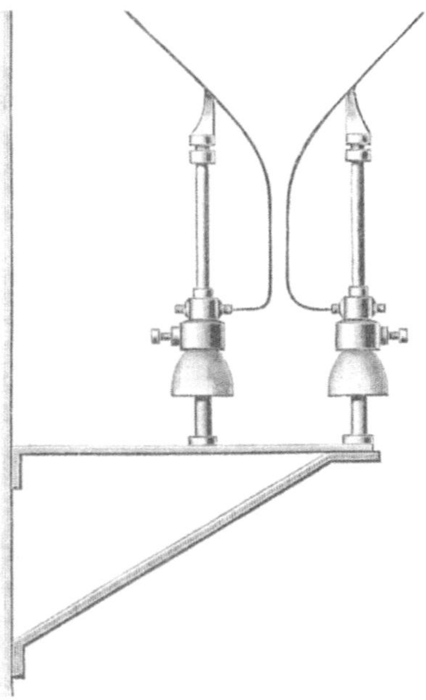

Fig. 198.

auf *G* befestigt; in sie wird eine durch die Glocke *G* hindurchgehende Messingstange *S* eingeschraubt. Mit ganz geringem Abstand gegenüber der Platte *P* befindet sich die auf den Metallring *M* aufgesetzte Metallkapsel *D* mit kreisförmigen Riffeln. Die Messingstange *S* ist an die Betriebsleitung angeschlossen, Ring *M* und *D* an Erde. Diese beiden Vorrichtungen sind aber nur bei Schwachstromanlagen verwendbar, wo kein starker Strom, der die Funkenstrecken zerstören würde, auftreten kann.

Durch Einschaltung besonderer Induktionsspulen zwischen die Funkenstrecke und die zu schützenden Apparate, also durch künstliche Erhöhung der Selbstinduktion in der Betriebsleitung und möglichste Isolierung der Maschinen und Apparate (soweit dies die Rücksicht auf die Sicherheit des Bedienungspersonals zuläßt) wird die Wirksamkeit der Blitzschutzvorrichtungen erhöht. Die Erdableitung muß möglichst frei von Selbstinduktion und der Übergangswiderstand der Erdleitung möglichst gering sein.

Finden bei Starkstromanlagen in Leitungen verschiedener Polarität gleichzeitig Funkenübergänge durch atmosphärische Entladungen an den Blitzschutzvorrichtungen statt, so ist das Leitungsnetz über die Erdleitungen kurz geschlossen. Infolgedessen entstehen Lichtbögen an den Funkenstrecken. Dauern diese eine Zeitlang an, so hat das eine Betriebsstörung und eine Zerstörung der Blitzschutzvorrichtungen zur Folge.

Es müssen daher die Starkstromblitzableiter Einrichtungen erhalten, durch welche der oben erwähnte Lichtbogen verhindert, oder, wenn er entstanden ist, so schnell wie möglich ausgelöscht oder abgerissen wird.

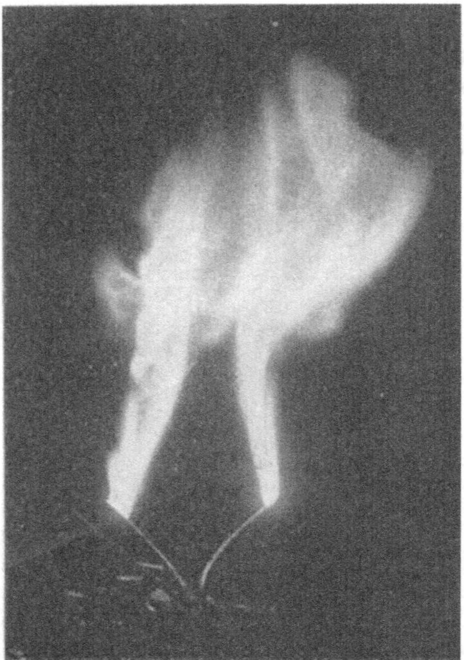

Fig. 199.

Eine praktische Einrichtung dieser Art ist der in Fig. 198 (S. 93) dargestellte Hörner-Blitzableiter von Siemens & Halske in Berlin. Das eine der beiden 5 bis 20 mm voneinander entfernten Hörner steht mit der Betriebsleitung, das andere mit der Erdleitung in Verbindung. Der an der engsten Stelle eingeleitete Lichtbogen wird, durch die erwärmte aufsteigende Luft und durch die dynamische Wirkung des Stroms nach oben getrieben, infolge der Spreizung der Hörner immer länger, bis er schließlich erlischt. Fig. 199 zeigt einen solchen Lichtbogen an einer ähnlichen Vorrichtung von Dr. Benischke (A. E. G.), bei welcher der Auftrieb des Lichtbogens noch durch ein magnetisches Gebläse unterstützt wird.

Für den Blitzschutz elektrischer Schwach- und Starkstromanlagen gibt es eine außerordentlich große Anzahl der verschiedenartigsten Konstruktionen, auf welche hier nicht näher einzugehen ist, weil sie im Zusammenhang mit den elektrischen Anlagen von den Installateuren derselben zur Ausführung kommen.

Ausführlicheres über solche Schutzvorrichtungen ist enthalten in dem Werk: Die Sicherungen von Schwach- und Starkstromleitungen von Prof. Dr. Neesen, Braunschweig 1899.

Die Schutzvorrichtungen der Starkstromtechnik gegen atmosphärische Entladungen von Dr. G. Benischke, Braunschweig 1902.

Elektrotechnische Zeitschrift 1901 S. 569 und 603; 1902 S. 455, 552 und 1046; 1904 S. 1068; 1905 S. 973 u. 974; 1906 S. 486.

Zeitschrift „Helios" 1901 S. 933.

Bei Telegraphen- und Telephonanlagen mit oberirdischen Leitungen werden die Blitzschutzvorrichtungen in der Regel unmittelbar vor den zu schützenden Apparaten in die Leitungen eingeschaltet.

Bei Telephonanlagen erhält jedes Telephon zu seinem eigenen sowie zum Schutz der sprechenden Person eine Blitzschutzvorrichtung und in Verbindung damit zum Schutz gegen Stromübergang bei einer etwaigen Berührung mit Starkstromleitungen eine oder zwei Starkstromsicherungen mit Abschmelzvorrichtung (Grob- und Feinsicherung). Zu weiterem Schutz wird häufig noch unmittelbar hinter der Einführungsstelle der Drähte in das Haus eine besondere Blitzschutzvorrichtung mit Starkstromsicherung eingeschaltet. Blitzschutzvorrichtungen sind bei Schwach- und Starkstromanlagen hauptsächlich auch da erforderlich, wo eine Freileitung in eine unterirdische Kabelleitung übergeht. Ganz unterirdisch verlaufende Leitungen bedürfen keines Blitzschutzes.

Ebenso bedürfen elektrische Signalleitungen, Telephonleitungen sowie auch elektrische Lichtleitungen mit eigenem Stromerzeuger, welche ausschließlich im Innern eines Gebäudes verlaufen, keiner weiteren Berücksichtigung. An solchen ganz im Innern der Gebäude verlaufenden elektrischen Leitungen sind allerdings selbst bei Vorhandensein guter Gebäudeblitzableiter Beschädigungen durch Induktionswirkungen nicht ganz zu vermeiden, doch sind dieselben in der Regel geringfügiger Natur und es ist nur zu verhüten, daß leicht entzündliche oder explosible Stoffe mit den Leitungen und Apparaten in Berührung kommen.

In elektrischen Zentralstationen mit Freileitungen sind jedenfalls Schutzvorrichtungen vor den Stromerzeugern, den zugehörigen Apparaten und allen Transformatoren anzubringen. Wenn bei Zentralanlagen von beschränkter Ausdehnung die Luftleitungen ausschließlich zwischen Bäumen und höheren Gebäuden verlaufen, so sind weitere Blitzschutzvorrichtungen entbehrlich. Andernfalls empfiehlt es sich, die einzelnen Hausinstallationen gruppenweise durch Anbringung von Schutzvorrichtungen insbesondere an den Verteilungspunkten des Leitungsnetzes und an den Enden der Ausläufer zu sichern.

Jede einzelne Hausinstallation besonders zu sichern, erscheint weniger empfehlenswert; dies ist nur bei ganz besonders exponierten, hoch gelegenen Leitungen und bei solchen mit großen Höhenunterschieden notwendig.

Da die Blitzschutzvorrichtungen hauptsächlich bei Hochspannungsanlagen öfter versagen, erscheint es zur Verhütung von Feuersgefahr nötig, daß die Maschinen und Transformatoren an vollkommen feuersicherem Ort zur Aufstellung kommen.

Besondere Vorsicht ist geboten bei Gebäuden mit sehr leicht explosiblem Inhalt, z. B. bei Gebäuden zur Herstellung von Nitroglyzerin für die Dynamitfabrikation. Wegen der trotz der besten Blitzableiter möglichen Induktionswirkungen, welche an der geringsten Unterbrechungsstelle in Metalleitungen gefährliche Funken erzeugen können, sind die explosiblen Stoffe von den elektrischen Leitungen und Apparaten, namentlich von den Unterbrechungsstellen derselben strengstens fernzuhalten.

Am besten ist es, wenn die Einführung der Leitungen ins Innere der betreffenden Räume ganz vermieden und diese nur von außen beleuchtet werden können. Andernfalls sollte zur Vermeidung der Gefahr schädlicher Induktionswirkungen am Eingang in das Haus eine Vorrichtung angebracht werden, durch welche bei Anzug eines Gewitters und während der ganzen Dauer desselben die sämtlichen inneren Leitungen von den äußeren vollständig getrennt werden können. (Vgl. S. 122.)

VIII. Entwerfen von Gebäude-Blitzableitern.

Die Ansprüche, welche an einen Blitzableiter zu stellen sind, und nach welchen sich die Anordnung derselben zu richten hat, können sich innerhalb sehr weiter Grenzen bewegen. Je nach der örtlichen Blitzgefahr, der Bauart und Bestimmung des Gebäudes und den zur Verfügung stehenden Mitteln wird man mit mehr oder weniger Vorsicht zu Werke gehen müssen.

Z. B. bei einem gewöhnlichen massiven Wohnhaus in geschlossener Gebäudereihe an einer Stelle, wo die Blitzgefahr an sich eine geringe ist, und wo im Falle des Blitzeinschlags ohnedies nur ein geringer Schaden entstehen würde, kann man sich mit den einfachsten Mitteln begnügen. Ein höherer Sicherheitsgrad bei möglichst geringem Kostenaufwand ist anzustreben bei den mit leicht entzündlichen Stoffen, wie Garben, Stroh, Futter gefüllten Gebäuden weniger bemittelter Landwirte.

Bei einem monumentalen Bau, wo an Kosten nicht gespart zu werden braucht, wird man nicht bloß einen möglichst hohen Sicherheitsgrad, sondern auch eine jahrhundertelange Dauer der Schutzanlage anstreben und das Material entsprechend wählen.

Die größte Vorsicht ist geboten bei einem mit explosiblen Stoffen angefüllten Gebäude, dessen Umgebung in weitem Umkreis im Falle des Blitzeinschlags gefährdet ist.

Für alle diese Fälle gilt der vierte Leitsatz des Elektrotechnischen Vereins (S. 118), welcher lautet:

> „Der Schutz, den ein Blitzableiter gewährt, ist um so sicherer, je vollkommener alle dem Einschlag ausgesetzten Stellen des Gebäudes durch Auffangvorrichtungen geschützt, je größer die Zahl der Gebäudeleitungen und je reichlicher bemessen und besser ausgebreitet die Erdleitungen sind. *Es tragen aber auch schon metallene Gebäudeteile von größerer Ausdehnung, insbesondere solche, welche von den höchsten Stellen der Gebäude zur Erde führen, selbst wenn sie ohne Rücksicht auf den Blitzschutz ausgeführt sind, in der Regel zur Verminderung des Blitzschadens bei. Eine Vergrößerung der Blitzgefahr durch Unvollkommenheiten des Blitzableiters ist im allgemeinen nicht zu befürchten.*"

Die letztere beruhigende Erklärung, welche den bei zahlreichen Blitzschlägen in Gebäude mit mangelhaften Blitzableitern gemachten Erfahrungen entspricht, ist von größter Bedeutung deshalb, weil die entgegengesetzte weitverbreitete Behauptung, daß unvollkommene Blitzableiter eine Gefahr statt eines Schutzes für die Gebäude bilden, viele Hausbesitzer in unbegründeter Weise vor der Anwendung des Blitzableiters abschreckt oder zu einer unnötigen Verteuerung der Blitzschutzanlagen führt.

Die Vorsicht darf also nicht in übertriebene Ängstlichkeit ausarten, damit die Kosten der Blitzableiter nicht unnötig erhöht werden, andererseits soll aber auch mit jenem Leitsatz die unsolide Arbeit nicht unterstützt werden. Der Blitzableiterverfertiger muß sich stets der Verantwortung dafür bewußt sein, daß sein Auftraggeber den erwarteten Schutz auf die Dauer auch wirklich erhält. Vor oberflächlicher Arbeit, welche vielfach die Ursache des Nichtfunktionierens der Blitzableiter ist und leicht das Vertrauen zur Wirksamkeit der Blitzableiter überhaupt erschüttert, ist ernstlich zu warnen.

Zu große Kosten hindern die Anwendung des Blitzableiters namentlich auf dem Lande, wo er am nötigsten ist.

Durch Weglassung der in den meisten Fällen entbehrlichen Auffangstangen und der in allen Fällen entbehrlichen vergoldeten Kupfer- und Platinspitzen, durch Vermeidung unnötig starker Leitungen und kupferner Erdplatten können die Kosten der Blitzableiter wesentlich vermindert werden.

Auf diesem Standpunkt stand auch der berühmte Elektrotechniker Werner von Siemens, welcher auf dem internationalen Kongreß der Elektrotechniker am 5. Oktober 1881 in Paris den Ausspruch tat:

> „Die Blitzableiter müssen so billig, aber auch so richtig wie möglich hergestellt werden, damit sie nicht durch ihre Kosten abschrecken und doch genügenden Schutz gewähren, wenn auch ein unbedingt sicherer Schutz freilich niemals zu erzielen ist."

Die neuen Leitsätze des Elektrotechnischen Vereins über den Schutz der Gebäude gegen den Blitz beginnen mit dem Satz:

> „Die Anwendung des Blitzableiters in immer weiterem Umfang ist durch **Vereinfachung seiner Einrichtung** und **Verringerung seiner Kosten** zu fördern."

Begnüge man sich also im allgemeinen mit möglichst einfachen Einrichtungen, bei welchen man erfahrungsgemäß noch auf einen ausreichenden Schutz, d. h. wenigstens auf eine Verhütung des Eindringens des Blitzes ins Innere der Gebäude und auf die Verhütung einer Zündung rechnen kann. Von diesem Gesichtspunkt gehen die in dieser Schrift gemachten Vorschläge aus. Verzichtet man auf den Luxus hoher Auffangstangen mit Edelmetallspitzen und unnötig starker Leitungen aus Kupfer, benutzt man soviel wie möglich die an den Gebäuden befindlichen Metallteile als natürliche Blitzableiter, baut man die Häuser von Anfang an möglichst so, daß dem Blitz von jeder wahrscheinlichen Einschlagstelle zur Erde solche natürliche Ableitungen zur Erde dargeboten sind, so daß besondere Leitungen höchstens noch zu unbedeutenden Ergänzungen, gleichsam nur als Notbehelf erforderlich sind, so wird man den Rücksichten der Wirksamkeit und denjenigen der Billigkeit der Blitzableiter in gleichem Maße Rechnung tragen, und die allgemeine Anwendung des Blitzableiters wird auf diese Weise wesentlich gefördert werden.

Die Architekten und Hochbautechniker haben es am besten in der Hand, die metallenen Gebäudekonstruktionen als Blitzableiter zu verwerten, sie sollten deshalb nicht versäumen, sich mit den neueren Anschauungen über den Blitzschutz der Gebäude zu befreunden und sich ein selbständiges Urteil in der Sache zu bilden suchen, damit sie möglichst unabhängig von dem Blitzableiterverfertiger rechtzeitig die nötigen Anordnungen treffen können. Nach dem dritten Leitsatz des Elektrotechnischen Vereins über den Schutz der Gebäude gegen den Blitz (S. 118) ist es sowohl zur Vervollkommnung des Blitzableiters als auch zur Verminderung seiner Kosten von größtem Wert, daß schon beim Entwurf und bei der Ausführung der Gebäude auf die möglichste Ausnutzung der metallenen Bauteile, Rohrleitungen u. dgl. für die Zwecke des Blitzschutzes Rücksicht genommen wird. Nach Fertigstellung des Hauses ist z. B. die Einbeziehung der in die Wände und Decken eingebauten Metallmassen häufig gar nicht mehr möglich oder mit großen Schwierigkeiten verknüpft.

An manchen Orten wird leider die Anlage zweckmäßiger und billiger Blitzableiter erschwert durch zu strenge polizeiliche Vorschriften, z. B. über die größte und geringste zulässige Höhe der Auffangstangen, deren Spitzenanordnung, über Material, Führung und Verbindung der Leitungen. Um die Kontrolle und die galvanische Probe zu erleichtern, wird die Benützung metallener Regenabfallrohre als Blitzleitungen verboten, desgleichen der Anschluß der Blitzableiter an Gas- und Wasserleitungen, weil befürchtet wird, sie könnten beschädigt werden. Mit solchen bei Gebäuden gewöhnlicher Art jedenfalls unbegründeten Vorschriften wird höchstens der Bequemlichkeit der kontrollierenden Beamten und einzelnen Blitzableiterfabrikanten gedient, der Blitzschutzsache selbst aber ein schlechter Dienst geleistet.

Berechtigt erscheint es, zur Sicherung der Gas- und Wasserleitungen gute und dauerhafte metallische Kontakte für die Blitzableiteranschlüsse zu verlangen und die Anschlüsse an die Straßenrohre nur unter der Aufsicht der betreffenden Verwaltungen ausführen zu lassen. Auch bei Gebäuden, welche zur Herstellung oder Lagerung explosibler Stoffe dienen, mag die Erlassung strenger polizeilicher Vorschriften über den hier besonders schwierig herzustellenden Blitzschutz am Platze sein. Im übrigen aber kann es nach den Ergebnissen der Blitzstatistik unbedenklich dem Belieben jedes einzelnen überlassen bleiben, ob und wie er einen Blitzableiter anbringen und denselben unterhalten will. Der Weg allgemeiner Belehrung erscheint geeigneter zur Förderung des Blitzschutzes als polizeilicher Zwang.

Die Feuerversicherungsanstalten haben wohl ein erhebliches Interesse daran, daß Gebäude mit leicht entzündlichem Inhalt (besonders Scheuern) gute Blitzableiter erhalten. Es ist berechtigt, daß sie eine Ermäßigung des Beitrags nur solchen Gebäuden zuteil werden lassen, deren Blitzableiter gewissen von richtigen Sachverständigen gestellten Anforderungen entsprechen, es ist aber auch hier vor zu strengen schematischen Vorschriften zu warnen, weil sonst leicht der ganze Blitzschutz unterbleibt.

Es soll nun an einigen Beispielen gezeigt werden, wie bei Gebäuden gewöhnlicher Art mit den einfachsten Mitteln ein ausreichender Blitzschutz erzielt werden kann.

1. Ganz oder zum größten Teil aus Eisen bestehende Häuser, z. B. Bahnhof- und Markthallen, erscheinen, wie oben S. 12 u. 44 ausgeführt, durch ihre großen Eisenmassen selbst so gut geschützt, daß es höchstens einiger unbedeutender Ergänzungen an nicht genügend metallisch zusammenhängenden Stellen und der Herstellung einer Erdleitung durch den Anschluß der Eisenkonstruktionen an die Gas- und Wasserleitung bedarf.

2. Das auf Tafel I Fig. 1 u. 2 dargestellte städtische Wohn- und Geschäftshaus an der Ecke zweier Straßen soll gegen den Blitz geschützt werden. Die Mansardendachflächen sind mit Schiefer, das Eckturmdach und Erkerdach, die obere Plattform, die Gräte, Kehlen und Ortgänge des Mansardendachs sind mit starkem Zinkblech gedeckt.

Man hat nun vor allem zu untersuchen, welche Stellen dem Blitzeinschlag ausgesetzt sind. Es ist dies in erster Linie die alles überragende Wetterfahne des Eckturms. Der Metallknopf am oberen Ende derselben kann ohne weiteres als Auffangvorrichtung dienen, weil, wie oben S. 15 u. 34 bemerkt, die Form der Auffangvorrichtung nebensächlich ist.

Die nächsthöchsten Stellen sind die Schornsteinköpfe. Sie befinden sich mit Ausnahme der Schornsteine S_1 und S_2 innerhalb des Schutzraums (Fig. 7 S. 18) der Wetterfahne. Auch S_2 scheint nach der Ansichtszeichnung innerhalb des Schutzraums zu liegen, dies ist jedoch, wie aus dem Grundriß ersichtlich ist, nicht der Fall. S_1 und S_2 sind daher mit irgend einer Fangvorrichtung der oben S. 40—42 bezeichneten Art zu versehen. Es empfiehlt sich hier und außerdem an S_5 Auffangstängchen anzubringen, welche den Schornsteinkopf so weit überragen, daß damit die Kanten der Plattform des Mansardendachs, soweit sie sich nicht im Schutzraum des Eckturms und des seitlichen Erkerturms befinden, vollständig geschützt sind, um die Entzündungsgefahr durch Schmelzung der Zinkblechbekleidung beim Blitzeinschlag sicher zu verhindern. Sonstige Einschlagstellen kommen nicht in Betracht.

Als Gebäudeleitungen können die metallenen Dachflächen, Dachrinnen und Regenabfallrohre, als Erdleitung kann die Gas- und Wasserleitung benutzt werden.

Für eine gute metallische Verbindung der Helmstangen der Turmdächer mit diesen und für einen guten metallischen Zusammenhang der Blechbekleidungen des Dachs, soweit sie als Ableitungen zu dienen haben, ist Sorge zu tragen.

Die Auffangvorrichtung des Schornsteins S_1 ist an die Dachrinne des seitlichen Halbwalmens, diejenige der Schornsteine S_2 und S_5 an die Zinkblechbekleidung der Plattform anzuschließen. Hierzu eignet sich

25/2 mm starkes verzinntes Kupferband, welches zugleich als Auffangvorrichtung dienen kann (Fig. 59 u. 60).

Zur Vermeidung nachteiliger spitzer Winkel in der Leitung (S. 25) werden als Ableitungen vom Turmdach besondere Kupferbandleitungen A und A_1, 25/1 mm stark, angebracht.

Die Zuleitungen von den unteren Enden der Regenabfallrohre zu den Hauseinlaufrohren der Gas- und Wasserleitung werden aus verzinntem Kupferdraht oder Kupferband von wenigstens 25 qmm Querschnitt hergestellt. Die Verbindung dieser Zuleitungen mit den unteren Enden der Regenrohre erfolgt nach Fig. 113 u. 114, diejenige mit den unterirdischen Rohrleitungen auf irgend eine der oben S. 84 u. 85 beschriebenen Arten.

Führt die Wasserleitung bis zum Dachstock und kommt sie der Dachrinne oder einem Abfallrohr näher als auf 3 m, so empfiehlt es sich auch hier eine metallische Verbindung mittelst eines 25/1 mm starken verzinnten Kupferbandes herzustellen.

3. Bei dem auf Tafel I in Fig. 3 u. 4 dargestellten Landhaus sind das Hauptdach und die verschiedenen Dachaufbauten samt Firsten und Gräten mit Ziegeln gedeckt. Die Kehlverwahrungen bestehen aus verzinktem Eisenblech.

Die Metallknöpfe K_1—K_4 auf dem First und dem Turmdach haben jedenfalls als Auffangvorrichtungen zu dienen. Die Schornsteinköpfe S_3 und S_4 sind mit Auffangvorrichtungen zu versehen. S_2 befindet sich im Schutzraum von S_3, S_1 an der Grenze des Schutzraums von K_4, und K_5 an der Grenze des Schutzraums von K_1. Es empfiehlt sich deshalb, S_1 und K_5 auch mit Auffangvorrichtungen zu versehen. Dasselbe hat zu geschehen mit den Giebelspitzen und Firstkanten. Durch eine oder zwei hohe Auffangstangen könnten alle dem Blitzeinschlag ausgesetzten Punkte geschützt werden; aus Schönheitsrücksichten wird aber der Architekt die andere Anordnung vorziehen. Als Auffangvorrichtungen der Schornsteinköpfe und Giebelspitzen können deren Zinkblechabdeckungen dienen. Zur Sicherung der Firstkanten werden Auffangleitungen aus 25/2 mm starkem Kupferband neben die Firstziegel gelegt; deren Befestigung geschieht wie in Fig. 155—158. Zur Ableitung bis zur Dachrinne wird 25/1 mm starkes Kupferband für verzweigte und 25/2 mm starkes Kupferband für unverzweigte Leitungen benutzt, außerdem können die metallenen Kehlverwahrungen als Ableitungen dienen, bei welchen jedoch für einen guten metallischen Anschluß an die Dachrinnen besonders Sorge zu tragen ist. Wegen der Verbindung der Kupferbandleitungen mit der Dachrinne siehe Fig. 139—142.

Zur weiteren Ableitung dienen die vier aus verzinktem Eisenblech bestehenden Regenabfallrohre. Von ihrem unteren Ende aus führen 6 mm starke Drähte aus verzinntem Kupfer zum Hauseinlaufrohr der Wasserleitung. Diese Drähte werden in einer Tiefe von ca. 40 cm unter der Erdoberfläche an Stellen, wo der Regen leicht in den Boden eindringen kann, verlegt. Bezüglich der Verbindungen mit den Regenabfallrohren und dem unteren und oberen Anschluß an die Wasserleitung gilt das oben S. 101 bei Ziffer 2 Gesagte.

4. Die Figuren 1 u. 2 auf Tafel II zeigen ein größeres staatliches Verwaltungsgebäude. Die Dachbedeckung des Erkerturmes besteht aus Kupfer. Die übrigen Dächer samt First- und Gratkanten sind mit Ziegeln gedeckt. Die Wetterfahne des Erkerturms, welche dem Blitzeinschlag am meisten ausgesetzt ist, dient unmittelbar als Auffangvorrichtung. Zur Ableitung kann das Kupferdach verwendet werden, doch ist für eine gute metallische Verbindung zwischen Auffangstange und Metalldach zu sorgen. Die Verbindung mit der Dachrinne des Hauptdachs erfolgt durch zwei besondere Ableitungen aus 25/1 mm starkem Kupferband. Die weitere Ableitung besorgen die Regenabfallrohre, deren einzelne Teile dicht schließend ineinander gefügt sein müssen. Die sämtlichen Schornsteinköpfe sind dem Blitzeinschlag ebenfalls ausgesetzt.

Aus dem Grundriß Fig. 2 ist ersichtlich, daß der nach der Ansicht Fig. 5 scheinbar noch im Schutzraum der Erkerauffangstange befindliche Schornsteinkopf S sich nahe der Grenze des Schutzraums befindet, weshalb es sich empfiehlt, denselben mit einer besonderen Auffangvorrichtung zu versehen.

Die zum Schutz der Schornsteinköpfe gegen Verwitterung angebrachten Zinkblechabdeckungen können ohne weiteres als Auffangvorrichtungen dienen. Die dem Blitzeinschlag ebenfalls ausgesetzten Firstkanten des Hauptdachs werden durch neben die Firstziegel gelegte Kupferbandleitungen mit einem Querschnitt von wenigstens 30×2 mm geschützt. Mit diesen werden die Blechabdeckungen der Schornsteinköpfe durch die gleichen Kupferbandleitungen verbunden. Die Walmenspitzen werden durch die an denselben vorhandenen Metallknöpfe geschützt, sie sind mit der Firstleitung metallisch zu verbinden. Der Knopf auf dem Zeltdach des östlichen Eckturms erhält zwei Ableitungen (A u. B Fig. 2) aus Kupferband 30/1 mm stark. Der kleine Ziergiebel an der südwestlichen Nebenseite befindet sich innerhalb des Schutzraums der Auffangstange des südlichen Eckturms. Der mittlere Ziergiebel an der Vorderseite ist durch ein kleines Auffangstängchen zu schützen, wozu ein oben spiralförmig endigendes Kupferband, 30/2 mm stark, wie in Fig. 59 u. 60 verwendet werden kann, dasselbe ist bis zur Dachrinne zu führen. Die stehenden Dachfenster befinden sich innerhalb des Schutzraums der Firstleitungen und Schornsteinköpfe, bedürfen also keiner weiteren Berücksichtigung.

Zur Ableitung nach der Erde genügen die sieben kupfernen Regenabfallrohre. Die Herstellung der Erdleitung und der erforderlichen Verbindungen geschieht ähnlich wie bei Ziffer 2 und 3, doch wird man bei diesem auf sehr lange Dauer berechneten Staatsgebäude die Erdleitungen aus massivem verzinntem Kupferdraht in einer Stärke von wenigstens 8 mm herstellen. Bei der großen Zahl vorhandener Ableitungen kann das Abfallrohr a Fig. 2 ohne Erdleitung bleiben.

5. Das mit einem Ziegeldach gedeckte Stall- und Scheuergebäude, Tafel III, Fig. 1—3, welches keinerlei natürliche Blitzleitungen besitzt,

soll mit möglichst geringen Kosten so geschützt werden, daß wenigstens das Eindringen des Blitzes ins Innere des Gebäudes und eine Zündung verhütet wird. Es genügt hierzu als Firstleitung ein neben die Firstziegel gelegtes 25/2 mm starkes Bandeisen oder ein verzinktes Eisendrahtseil aus vier Drähten von je wenigstens 4 mm Stärke. Dasselbe wird an den beiden Giebeln auf dem kürzesten Weg zur Erde geführt. Diese Ableitungen werden ca. 40 cm unter dem Boden womöglich bis zu irgend einer dauernd feuchten Stelle oder dem Grundwasser weitergeführt und auf irgend eine Weise in möglichst großflächige Berührung mit jener Stelle gebracht. In Ermangelung einer solchen Stelle ist durch zwei je ca. 10 m lange Ausläufer oder durch Auflösen der Drahtseile in ihre Einzeldrähte (vgl. oben S. 32 u. 88) eine Verbesserung der Erdleitung anzustreben und eine solche Lage für die Erdleitung zu wählen, wo am schnellsten eine Befeuchtung des Bodens durch den Gewitterregen zu erwarten ist.

Zur Vermeidung gefährlicher Induktionswirkungen dürfen die Wandleitungen nicht in unmittelbarer Nähe des Standorts der Tiere verlegt werden; es könnte deshalb eine andere Führung der Ableitungen etwa wie in Fig. 20 in Frage kommen.

Da das Gebäude eine Länge von ca. 21 m besitzt, empfiehlt es sich, besonders dann, wenn die Bodenverhältnisse für eine gute Erdleitung ungünstige sind, eine dritte Ableitung in der Mitte des Gebäudes anzubringen.

Bezüglich der Leitungsverbindungen und -befestigungen siehe oben S. 59—80. Da hier die Giebelspitzen die weitaus wahrscheinlichsten Blitzeinschlagstellen sind, können daselbst bei Fachwerkshäusern mit hölzernen Ortgängen zu größerer Sicherheit gegen Entzündung kleine Auffangstängchen wie in Fig. 45, 63 u. 64 angebracht werden. Doch ist auch ohne solche die Gefahr einer Entzündung beim Blitzeinschlag an diesen Stellen nach den gemachten Erfahrungen eine äußerst geringe.

6. Das neu zu erbauende ländliche Wohn- und Ökonomiegebäude Tafel III, Fig. 4—6 erhält ein Ziegeldach und eine Bekleidung der First- und Giebelkanten mit verzinktem Eisenblech. Die Dachrinnen und vier Abfallrohre werden aus dem gleichen Material hergestellt. In unmittelbarer Nähe des Hauses befindet sich ein eiserner Pumpbrunnen.

Bei der Bauausführung ist darauf zu achten, daß die bezeichneten metallenen Gebäudeteile, welche teils als Auffangvorrichtungen, teils als Blitzableitungen zu dienen haben, den oben S. 46—51 gestellten Anforderungen entsprechen.

Die beiden Schornsteinköpfe werden mit besonderen Auffangvorrichtungen aus verzinktem Bandeisen oder Drahtseil wie in Fig. 58 versehen; deren Verbindung mit der Firstleitung geschieht mittelst aufgenieteter und gelöteter Kappen aus verzinktem Eisenblech Nr. 20. Da das Haus eine Länge von 25 m besitzt, ist über dem Scheidegiebel zwischen Wohnhausteil und Scheuer eine besondere Leitung zur vorderen oder hinteren Dachrinne zu führen.

Die weitere Ableitung zur Erde wird durch die vier Abfallrohre besorgt. Für eine gut metallische Verbindung zwischen First- und Ortgangblechen und der letzteren mit den Dachrinnen ist Sorge zu tragen. Bezüglich etwaiger Anbringung metallener Giebelspitzen gilt das beim vorigen Beispiel Gesagte.

Die von den beiden vorderen Abfallrohren ausgehende Erdleitung aus verzinktem Bandeisen, Eisendraht oder Drahtseil, Kupferdraht oder Kupferband ist an das gußeiserne Brunnenrohr mittelst einer Rohrschelle anzuschließen.

Die beiden hinteren Ableitungen haben eine besondere Erdleitung zu erhalten. Man kann aber auch die Bodenleitungen der hinteren Abfallrohre zu dem Brunnenrohr führen. In Ermangelung eines Brunnens oder einer sonstigen dauernd feuchten Stelle läßt sich die Erdleitung dadurch verbessern, daß man ein 3—4 m langes verzinktes Eisenrohr von ca. 50 mm Lichtweite mit einer Anzahl Sickerlöchern versieht, senkrecht in den Boden treibt und dafür sorgt, daß durch einströmendes Regenwasser oder bei lang anhaltendem trockenen Wetter durch besonderes Eingießen von Wasser in das Rohr das umgebende Erdreich feucht erhalten wird. (Vgl. oben S. 90 u. Fig. 195.)

7. Auf Tafel IV ist ein Textil-Fabrikgebäude dargestellt. Die Mansardendachflächen sind mit Schiefern, die obere Plattform ist mit Holzzement gedeckt. In der Mitte dieser Plattform und an den steilen Dachflächen befinden sich große Oberlichter mit eisernen Rahmen und Sprossen. Jedes Stockwerk enthält neben den beiden Treppenhäusern einen großen Fabriksaal. Die durch eiserne Säulen unterstützten Decken bestehen aus Eisen und Beton mit Ausnahme des obersten Saals im Dachstock, dessen Decke durch die hölzernen Sparren des Holzzementdachs gebildet wird.

Dem Blitzeinschlag am meisten ausgesetzt ist der Schornstein der vorhandenen Niederdruckdampfheizung und Sauggasanlage. Am Kopf desselben ist daher als Auffangvorrichtung eine gußeiserne Deckplatte (Fig. 56) oder eine Auffangstange wie in Fig. 51 u. 52 anzubringen. Von hier aus führt eine besondere Draht-, Drahtseil- oder Bandleitung aus Kupfer von wenigstens 60 qmm Querschnitt unmittelbar zur hinteren Erdleitung. Diese Ableitung ist an die Dachrinne anzuschließen. Die seitlichen kleinen Schornsteine und Ventilationsköpfe befinden sich nicht mehr innerhalb des Schutzraums der Auffangvorrichtung des großen Schornsteins, sie sind deshalb durch eigene Auffangvorrichtungen zu schützen, etwa nach Fig. 61. Zur Ableitung genügt der Anschluß an die nahe Dachrinne. Als weitere Einschlagstellen kommen in Betracht das Gestell der eisernen Firmatafel (welches sich nach der Ansichtszeichnung nur scheinbar innerhalb des Schutzraums des großen Schornsteins befindet), das Oberlicht und die Kiesleiste des Holzzementdachs und die drei seitlichen Auspuffrohre der vorhandenen Sauggasanlage.

Alle diese Einschlagstellen bedürfen wegen der an ihnen bereits vorhandenen Metallmassen keiner besonderen Auffangvorrichtungen, es ist nur erforderlich, für ununterbrochene Ableitungen zur Erde, soweit solche nicht schon vorhanden sind, zu sorgen. Zu diesem Zweck ist z. B. das Oberlicht des Holzzementdachs durch einige (ohne weitere Befestigung) in die Kiesschüttung des Holzzementdachs gelegte Kupferbandleitungen von wenigstens 30 qmm Querschnitt mit der metallenen Kiesleiste, den seitlichen Oberlichtern und der Dachrinne zu verbinden.

Die weitere Ableitung zur Erde kann von den sieben Regenabfallrohren, den drei seitlichen Auspuffrohren und dem hinteren Ventilationsrohr übernommen werden. Die Bildung der Erdleitung und der Anschluß an die Wasserleitung ist aus dem Grundriß ersichtlich.

Als Erdleitungsmaterial kommt zur Verwendung verzinnter Kupferdraht mit 30 qmm Querschnitt. Zu empfehlen ist, den eisernen Einbau in der Nähe der vier Gebäudeecken mit der Dachrinne und an einigen möglichst weit voneinander entfernten Stellen mit der im Gebäude befindlichen eisernen Wasserleitung und mit den Rohrleitungen der Niederdruckdampfheizung zu verbinden.

Bei der auf Tafel V dargestellten Kirche sind das Turmdach, das Dach des Chores, sowie die Zelt- und Kegeldächer der seitlichen Anbauten mit Schiefern gedeckt. Die Gräte dieser Dächer sind mit schmalen Walzbleistreifen gedichtet. Die Dachbedeckung des Kirchenschiffs besteht aus Ziegeln.

Als Hauptauffangvorrichtung dient der aus Kupfer hergestellte Hahn der Kirchturmspitze. Der hintere Teil des Kirchenschiffs befindet sich außerhalb des Schutzraums der Kirchturmspitze. Es sind deshalb, das Kreuz am hinteren Giebel des Hauptschiffs, die beiden Kreuzblumen der Querschiffgiebel, sowie auch die Firstkanten des Lang- und Querschiffs mit Auffangvorrichtungen zu versehen. Hierzu werden Kupferbandleitungen 30/2 mm stark neben die Firstziegel gelegt und an den Giebelbekrönungen emporgeführt. An jedem zweiten Sparren können außerdem die in Fig. 165 dargestellten Spitzen angebracht werden.

Als Ableitungen am Turmdach sind die Gratdichtungen aus den ineinandergefälzten kleinen Walzbleistreifen wegen der vielen Unterbrechungsstellen und des ungenügenden metallischen Zusammenhangs ungeeignet. Es sind deshalb zwei besondere Kupferbandleitungen, 30/2 mm stark, an zwei einander gegenüberliegenden Ecken *A* und *B* bis zur Erde bzw. zur Dachrinne des Langschiffs zu führen. Diese Leitungen werden mit der eisernen Helmstange des Turms am besten durch Hartlot verbunden. Der eiserne Glockenstuhl ist oben und unten durch Zweigleitungen an die äußeren Turmableitungen anzuschließen.

Als Ableitungen von den Firstleitungen zur Dachrinne können die aus starkem Zinkblech hergestellten Kehlverwahrungen an den Giebeln dienen, oder es werden der größeren Dauerhaftigkeit halber besondere, am besten verzinnte, Kupferleitungen darüber hinweggeführt.

Der eiserne Dachstuhl der Kirchenschiffe ist an einigen möglichst weit voneinander entfernten Stellen an die Dachleitungen und die Dachrinnen anzuschließen.

Die niederen seitlichen Anbauten und der Chor, welcher sich ganz innerhalb des Schutzraums der über der hinteren Giebelwand des Hauptschiffs angebrachten Auffangvorrichtung befindet, sowie auch die im Schutzraum der Firstleitungen befindlichen Kamine und stehenden Dachfenster können ohne Auffangvorrichtungen bleiben.

Von den unteren Enden der Abfallrohre, den besonderen Turmleitungen und von etwaigen weiteren besonderen Ableitungen aus führen die aus verzinntem Kupferdraht von 8 mm Stärke bestehenden ca. 40 cm unter dem Boden verlegten Erdleitungen, wie aus Fig. 17 ersichtlich, zu der vorhandenen Gas- und Wasserleitung. Einer weiteren Erdleitung bedarf es nicht.

Bei der großen Zahl vorhandener Ableitungen erscheint es unbedenklich, wenn das eine oder andere Abfallrohr unangeschlossen bleibt.

IX. Untersuchung und Ausbesserung von Blitzableitern.

Die beste Garantie, daß ein Blitzableiter gut ist, besteht, wenn er nach den Angaben eines richtigen Sachverständigen ausgeführt, nach der Ausführung vom gleichen Sachverständigen genau geprüft und wenn hierbei vorgefundene Mängel beseitigt worden sind.

Da die Gas- und Wasserleitungen der Gebäude und damit der erforderliche Anschluß an die Rohrleitungen in der Regel längere Zeit nach Ausführung der Dachdeckung und der gleichzeitig damit zur Ausführung kommenden Gebäudeleitungen hergestellt werden, so empfiehlt es sich, auch die Prüfung des Blitzableiters in zwei Teilen, und zwar diejenige der Auffangvorrichtungen und Gebäudeleitungen unmittelbar nach ihrer Herstellung, solange sie durch die Baugerüste noch zugänglich sind, und die Prüfung der Erdleitungen, solange die Erdleitungsgräben noch nicht eingefüllt sind, vorzunehmen. Eine besondere Aufmerksamkeit ist hierbei den Anschlüssen an die Gas- oder Wasserleitungen zu schenken. Die Besichtigung hat womöglich vor dem Aufbringen des Anstrichs der Verbindungen zu geschehen, um feststellen zu können, ob der nötige metallische Kontakt vorhanden ist.

Der prüfende Sachverständige braucht nicht notwendig Elektrotechniker zu sein. Es ist aber von Wert, daß er ein Techniker ist, welcher sich mit dem ganzen Inhalt dieser oder einer ähnlichen Anleitung über die Herstellung von Blitzableitern vertraut gemacht hat, und daß er sich die sämtlichen Anforderungen, die an einen guten Blitzableiter und alle seine Teile zu stellen sind, bei der Prüfung vor Augen hält.

Die sämtlichen Auffangvorrichtungen und Gebäudeleitungen mit allen Verbindungen, Befestigungsstellen und Metallanschlüssen sind, soweit möglich, von unmittelbarer Nähe aus zu besichtigen. Für nicht leicht erreichbare Stellen, z. B. bei Kirchtürmen, empfiehlt sich die Anwendung eines Fernrohrs. Ein Hauptaugenmerk ist auf die dichte und feste Verbindung der Auffangvorrichtungen unter sich und mit den anschließenden Gebäudeleitungen zu richten. Dies ist ganz besonders nötig dort, wo jene Verbindungsstellen mit dem Holzwerk des Dachs in unmittelbare Berührung kommen, z. B. beim Anschluß eines metallenen Turmdaches an das eiserne Turmkreuz.

Die Untersuchung mit dem Auge kann ergänzt werden durch die galvanometrische Prüfung, doch erscheint bei der Verwertung der Resultate dieser Prüfung große Vorsicht geboten.

Bei vollständig metallischem Zusammenhang der einzelnen Blitzableiterteile beträgt der Leitungswiderstand zwischen irgend welchen zwei Punkten des Blitzableiters nicht mehr als einen kleinen Bruchteil eines Ohm.[1]) Der Ausbreitungswiderstand der Erdleitung ist in der Regel erheblich größer.

Zur galvanischen Prüfung der Auffangvorrichtungen und Gebäudeleitungen werden isolierte Kupferdrähte mit den Enden des zu untersuchenden Blitzableiterteils in Verbindung gebracht, nachdem in die Drähte ein galvanisches Element und ein Galvanometer eingeschaltet worden ist. Eine Ablenkung der Magnetnadel des Galvanometers erfolgt, wenn ein vollständig metallischer Zusammenhang nur auf den Bruchteil eines Millimeters vorhanden ist, während dieser Zusammenhang für den Durchgang des **Blitz**stroms ungenügend wäre und ein Abspringen des Blitzes vom Blitzableiter verursachen könnte. Andererseits kann eine kleine Rost- oder Farbschicht an einer Verbindungsstelle den Durchgang des **galvanischen** Stroms hemmen, so daß die Magnetnadel einen schlechten oder gar keinen Ausschlag gibt, während die Verbindungsstelle im übrigen so fest, dicht und großflächig ist, daß der **Blitz**strom das kleine Hindernis mit Leichtigkeit überwindet und unschädlich abgeleitet wird. Dieser Fall kann insbesondere bei der Verwendung von metallenen Gebäudeteilen, wie First-, Grat-, Ortgang-, Kehlblechen, Regenabfallrohren, Eisenkonstruktionen verschiedener Art, ja selbst bei eisernen Hauswasserleitungen vorkommen, deren Muffenverschraubungen gewöhnlich mit Hanffäden und Mennige gedichtet werden, aber erfahrungsgemäß dem Blitz einen ebenso ungehinderten Durchgang gestatten, wie die Farbschicht bei sich übergreifenden mit Ölfarbe gestrichenen Firstblechen u. dgl. (vgl. oben S. 45). Ein gutes Resultat der galvanischen Prüfung macht also eine gründliche sachverständige B e s i c h t i g u n g der Anlage nicht entbehrlich, ein schlechtes gibt aber wenigstens die Veranlassung, die Besichtigung um so gründlicher vorzunehmen und insbesondere alle Verbindungsstellen auf ihren genügend dichten, mechanisch festen und großflächigen Zusammenhang genau zu untersuchen.

Einen größeren Wert als die galvanische Prüfung der Gebäudeleitungen hat die Messung des Ausbreitungswiderstandes der Erdleitungen.[2])

---

[1]) 1 Ohm entspricht dem Widerstand einer Quecksilbersäule von 1,063 m Länge und 1 qmm Querschnitt bei 0° C.; bei größerem Querschnitt ist der Widerstand entsprechend geringer, bei größerer Länge entsprechend größer. Der Leitungswiderstand eines 3000 m langen, 8 mm starken Kupferdrahts und eines 500 m langen, 8 mm starken Eisendrahts beträgt je nur 1 Ohm.

[2]) Der Widerstand feuchter Erde ist ca. 30000 Millionen Mal größer als derjenige eines gleich großen Körpers aus Kupfer. Der Widerstand der Erde macht sich jedoch nur an den Berührungsflächen mit den Erdleitungskörpern geltend (Ausbreitungs- oder Übergangswiderstand). Für die weiterhin durch die

Diese Messung erweist sich insbesondere als zweckmäßig bei älteren Anlagen, wo das Aufgraben des Bodens zur Bloßlegung der Erdleitungen mit großen Schwierigkeiten und Kosten verknüpft wäre, und wo man hierzu erst schreiten will, wenn nach dem Resultat der galvanischen Prüfung auf das Vorhandensein einer schlechten, zu verbessernden Erdleitung zu schließen ist.

Bei ausgedehnten unterirdischen Gas- oder Wasserleitungen und bei Eisenbahngleisen kann deren Ausbreitungswiderstand ohne weiteres als verschwindend klein oder gleich Null angenommen werden. Ist daher der Ausbreitungswiderstand einer in der Nähe befindlichen besonderen Erdleitung zu messen, so legt man isolierte Kupferdrähte einerseits an die Gas- oder Wasserleitung, andererseits an die Zuleitung der zu untersuchenden Erdleitung und schaltet in die Drähte einen Widerstandsmeßapparat und eine Stromquelle ein. Der Apparat gibt dann unmittelbar den gesuchten Ausbreitungswiderstand an, d. h. den Widerstand in Ohm gemessen, welchen die Erde dem Durchgang des Stromes entgegensetzt. Die Widerstände der Meßdrähte werden in Abzug gebracht. Man bestimmt dieselben ein für allemal oder berechnet sie aus Länge und Dicke des Drahtes. Der Widerstand eines 40 m langen, 1 mm dicken Kupferdrahtes beträgt 1 Ohm.

Die zur Anwendung kommenden Apparate beruhen auf der Wheatstoneschen Brückenanordnung nach dem Schema der Fig. 200. Der Verbindungsdraht zwischen b und d wird stets stromlos, wenn die Widerstände W_1, W_2, W_3, W_4 in folgendem Verhältnis zueinander stehen:

$$\frac{W_1}{W_4} = \frac{W_2}{W_3}.$$

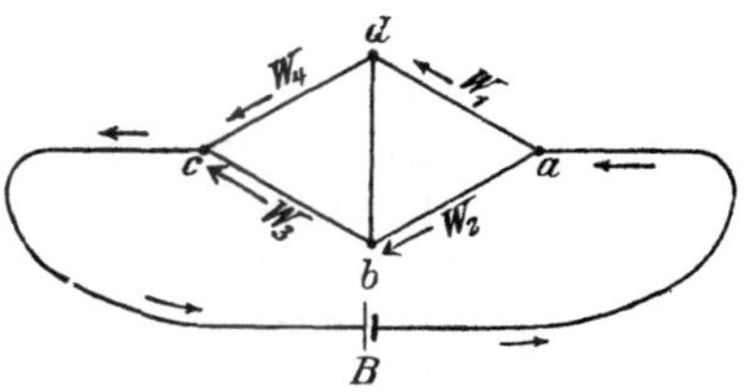

Fig. 200.

Macht man die Widerstände W_1 und W_4 gleich groß, so wird ein in $b\,d$ eingeschaltetes Galvanometer keinen Ausschlag geben, sobald auch W_2 und W_3 gleich groß sind. Handelt es sich also z. B. um die Messung der Größe des Widerstands W_2, so braucht man nur in $b\,c$ so viel abgepaßten Drahtwiderstand einzuschalten, bis das Galvanometer in $b\,d$ keinen Ausschlag mehr gibt. Der gesuchte Widerstand W_2, d. h. für unsern Fall der galvanische Erdübergangswiderstand, ist dann gerade so groß wie der abgemessene Drahtwiderstand in $b\,c$.

Die Wheatstonesche Brücke wird für den praktischen Gebrauch so gebaut, daß durch entsprechende Verschiebung eines Gleitkontakts die Nadel des Galvanometers auf Null gestellt werden kann, wonach aus der Stellung des Gleitkontakts an einer Skala die Größe des gesuchten

---

ganze Erde sich verbreitende Elektrizität ist der Widerstand gleich Null, weil der Querschnitt, in dem sich die Elektrizität bewegt, fortwährend wächst und bald unendlich groß gegenüber demjenigen eines Blitzableiterdrahtes wird.

Widerstands unmittelbar abzulesen ist. Die hierbei störend auftretenden Polarisationsströme werden vermieden, wenn der durch ein Element erzeugte galvanische Gleichstrom mittelst eines Induktionsapparats in einen Wechselstrom verwandelt und das Galvanometer durch ein Telephon ersetzt wird. Im Telephon wird durch den Wechselstrom ein laut vernehmbares schnurrendes Geräusch erzeugt, welches verschwindet oder wenigstens sehr schwach wird, sobald der Gleitkontakt diejenige Stelle erreicht hat, bei welcher kein Wechselstrom mehr durch das Telephon geht. In diesem Moment kann dann der zu messende Widerstand an einer Skala abgelesen werden.

Handelt es sich um die Untersuchung einer mit allen Gebäudeleitungen und in sich zusammenhängenden Erdleitung, an welche die Wasserleitung angeschlossen ist, so wird der Ausbreitungswiderstand gemessen, indem man das eine Ende der Meßdrähte an irgend einen Punkt der Gebäudeleitungen, das andere an eine blank gemachte zugängliche Stelle der Wasserleitung anlegt. Bei gutem Anschluß wird der Widerstand in der Regel nicht mehr als einen kleinen Bruchteil eines Ohms betragen.

Es ist jedoch zu berücksichtigen, daß an den in den Häusern aufsteigenden schmiedeeisernen Gas- und Wasserleitungen wegen der Dichtung ihrer Muffenverbindungen mittelst Hanffäden und Mennig nicht immer eine vollkommen leitende Verbindungsstelle für das Anlegen des Hilfsdrahtes gefunden wird. Man wählt deshalb zum Anlegen des Hilfsdrahtes am sichersten die unterste Einmündungsstelle der Rohrleitungen in das Haus. Gußeiserne Gas- und Wasserleitungen mit ihren bleiverstemmten Muffen bieten gute metallische Kontakte, ebenso die in den Häusern verlegten Bleirohre der Wasserleitungen.

Befindet sich keine Gas- oder Wasserleitung in der Nähe, so sind zur Messung des Übergangswiderstandes einer Erdleitung A und zwei nicht zu nahe beisammenliegende Hilfserdleitungen B und C erforderlich.

Zu diesem Zweck werden kleine Hilfserdplatten oder Bleche an vorhandenen, leicht zugänglichen feuchten Stellen oder in ca. 20 cm tief gegrabene Furchen flach eingelegt und mit einigen Kannen Wasser übergossen, oder es werden ca. 1 m lange eiserne Stäbe in den Boden getrieben oder gebohrt und das umgebende Erdreich mit Wasser befeuchtet. Auch die Erdleitungen benachbarter Gebäude-Blitzableiter, metallene Brunnenrohre oder irgend welche Metallkörper von größerer Oberfläche im Boden lassen sich mit Vorteil als Hilfserdleitungen verwenden.

Man mißt nun zuerst den Widerstand a zwischen der Blitzableitererdleitung A und der ersten Hilfserdleitung B, dann den Widerstand b zwischen der Blitzableitererdleitung A und der zweiten Hilfserdleitung C und endlich den Widerstand c zwischen den beiden Hilfserdleitungen B und C. Es ist alsdann der gesuchte Ausbreitungswiderstand

$$x = \frac{a + b - c}{2}.$$

Hat eine Blitzableiteranlage mehr als zwei voneinander getrennte Erdleitungen, so ist die Messung ihres Ausbreitungswiderstandes nur möglich, wenn die Gebäudeleitungen von den Erdleitungen getrennt werden, z. B. durch eine der oben S. 67 beschriebenen Ausschaltmuffen. In diesem Fall können zur Messung des Ausbreitungswiderstandes der einen Erdleitung zwei andere vorhandene Erdleitungen als Hilfserdleitungen benützt werden, so daß besondere Hilfserdleitungen entbehrlich sind. Sind die Ausbreitungswiderstände der einzelnen Erdleitungen einer Blitzableiteranlage m, n, o, so ist der Gesamtausbreitungswiderstand der ganzen Anlage gleich

$$\frac{1}{\frac{1}{m}+\frac{1}{n}+\frac{1}{o}}$$

unter der Voraussetzung, daß die sämtlichen Erdleitungen durch die Gebäudeleitungen metallisch miteinander verbunden sind.

Für den Fall, daß die Herstellung von 2 Hilfserdleitungen Schwierigkeiten macht, kann man sich nach dem Vorschlag von Dr. Nippold in Frankfurt a. M. mit einer einzigen unter Anwendung einer zusammenlegbaren Hilfserdplatte begnügen, wobei man wenigstens ein annähernd richtiges Ergebnis erhält. Man mißt einmal mit der ausgebreiteten ganzen Platte und gleich darauf mit der halben. Bezeichnet man den Widerstand der zu messenden Erdleitung mit x, den Widerstand der ganzen Hilfsplatte mit y, der halb so großen mit $2y$ und beträgt der Gesamtwiderstand der ersten Messung $x \times y = A$ und der zweiten $x \times 2y = B$, so ist der gesuchte Widerstand $x = 2A - B$.

Ein ähnliches einfaches Verfahren zur Messung von Ausbreitungswiderständen, bei welchem nur eine Hilfserde und ein Erdkontakt zur Anwendung kommen, ist in der Elektrotechnischen Zeitschrift 1893, S. 726 usw. angegeben.

Weitere Angaben über die Bestimmung der Ausbreitungswiderstände von Erdleitungen mittelst der Wheatstoneschen Brücke und genaue Beschreibungen der Apparate enthalten folgende Schriften:

„Die Entstehung der Gewitter und die Prinzipien des Zweckes und Baues der Blitzableiter von Dr. Nippoldt, Frankfurt a. M. 1897";

„Die Anlage der Blitzableiter von Hofrat Prof. Dr. H. Meidinger, Karlsruhe 1899";

„Der Blitzschutz von Max Lindner, Leipzig 1901".

Bezugsquellen für Blitzableiter-Widerstandsmeßapparate sind:

Hartmann & Braun in Frankfurt a. M. — Bockenheim (Nippoldtsche Telephonmeßbrücke),

S. Siedle & Söhne in Furtwangen, Baden,

Siemens & Halske in Berlin,

Aktiengesellschaft Mix & Genest in Berlin,

Dr. Paul Mayer, A. G., Berlin (nach Prof. S. Ruppel, Kaiserslautern),

Oscar Schöppe in Leipzig (Weinholdsche Telephonbrücke),

Gebrüder Mittelstraß in Magdeburg,

C. & E. Fein in Stuttgart.

Die Fabrikanten geben besondere gedruckte Anweisungen zum Gebrauch der Apparate bei.

Wieviel der Ausbreitungswiderstand betragen darf, läßt sich nicht allgemein gültig angeben. Unter günstigen Verhältnissen beträgt der Widerstand einer einzelnen besonderen Erdleitung wenige Ohm; bei ungünstigen Bodenverhältnissen und wenn keine Metallmassen vorhanden sind, auf welche der Blitz überspringen könnte, kann man sich zur Not mit einem Gesamtwiderstand der ganzen Erdleitung von 30 und mehr Ohm begnügen. Befinden sich aber Gas- und Wasserleitungsrohre in dem zu schützenden Gebäude oder in der Nähe des Blitzableiters, so ist ein Abspringen des Blitzes nach den Rohren zu befürchten, auch wenn der gesamte Erdausbreitungswiderstand nur wenige Ohm beträgt. Befinden sich andere unangeschlossene größere Metallmassen im Gebäude, auf welche der Blitz überspringen könnte, oder ist der Inhalt leicht entzündlich, so ist es wichtiger, daß der Erdausbreitungswiderstand gering ist, als bei anderen Gebäuden ohne größere Metallmassen und ohne leicht entzündlichen Inhalt.

Bei besonderen Erdleitungen wechseln die gefundenen Werte mit den Witterungsverhältnissen; bei nasser Witterung erhält man z. B. bei im Humus verlegten Erdleitungen einen viel geringeren Ausbreitungswiderstand als bei anhaltend trockener Witterung. Es hat deshalb bei jeder solchen Messung eine Aufzeichnung über die zur Zeit der Messung herrschenden Witterungs- und Bodenverhältnisse stattzufinden, weil man sonst leicht zu ganz falschen Schlüssen gelangt.

Trotz eines bei trockenem Wetter gefundenen schlechten Resultats wird eine in geringer Tiefe unter der Erdoberfläche verlegte Erdleitung in der Regel doch ihre Schuldigkeit tun, weil die Erde durch den fast jeden Blitzschlag begleitenden Gewitterregen rasch befeuchtet wird.

Es ist endlich zu berücksichtigen, daß im besten Fall die bei der galvanischen Widerstandsmessung erhaltenen Zahlen nicht den bei der Blitzentladung selbst stattfindenden Ausbreitungswiderstand darstellen. Die Massen hochgespannter Elektrizität, welche bei einem den Blitzableiter treffenden Blitzschlag durch die Erdleitung abgeführt werden, teilen sich in wesentlich anderer Weise den benachbarten Erdschichten mit, als es die Elektrizität eines schwachen galvanischen Stroms tut; es wird insbesondere bei weit verzweigten, mit den Dachflächen und Gebäudewänden in großflächiger Berührung stehenden Gebäudeleitungen mit vielen Metallanschlüssen ein großer Teil der Entladung schon längs dieser Leitungen seitlich nach den, wenn auch schlechter, aber immerhin leitenden Gebäudeteilen abströmen und sich durch Vermittlung dieser in der Erde verlieren, so daß die Erdleitungen selbst nur noch einen geringen Teil der Entladung abzuführen haben, wozu eine weniger gute Erdleitung ausreichend sein kann, wie dies zahlreiche Blitzschlagbeispiele zeigen.

Aus den angeführten Gründen sollten sich mit der galvanischen Prüfung nur solche Leute befassen, welche nicht allein die anzuwendenden Meßmethoden vollkommen beherrschen, sondern auch eingehende Kenntnisse im Blitzableiterbau besitzen, so daß sie die erhaltenen Ergebnisse richtig zu verwerten verstehen. Wo solche Sachverständige fehlen, da erscheint es besser, sich auf eine genaue Besichtigung der ganzen Blitzableiteranlage zu beschränken und hierzu nötigenfalls die Erdleitungen durch Aufgraben des Bodens bloßzulegen.

Übrigens wird man sich gewöhnlich da, wo die ganze Erdleitung einmal gründlich untersucht und gutbefunden worden ist, bei späteren Untersuchungen damit begnügen können, den Boden nur an den Einmündungsstellen der Gebäudeleitungen in die Erde und in deren unmittelbarer Nähe aufzugraben. Diese Stellen sind wegen der abwechselungsweisen Einwirkungen von Wasser, Luft und Kohlensäure der Oxydation verhältnismäßig am meisten ausgesetzt. Wenn daher die Leitung hier sich noch in gutem Zustand befindet, so kann man das mit großer Wahrscheinlichkeit auch für die übrige tiefer gelegene Erdleitung annehmen.

Bei durchaus in geringer Tiefe unter der Erdoberfläche verlaufenden Erdleitungen empfiehlt sich allerdings das zeitweise Aufgraben auch an einigen weiteren Stellen. Dies ist überall da, wo die Lage der Leitungen bekannt ist und wo diese nicht unter einem Steinpflaster oder unter in ähnlicher Weise befestigten Gehwegen liegen, namentlich auf dem Lande mit verhältnismäßig geringen Kosten zu bewirken.

Die Überwachung einer Blitzableiteranlage wird eine mehr oder weniger sorgfältige sein müssen, je nach der örtlichen Blitzgefahr, der Bauart und Bestimmung des Gebäudes.

Ein mit explosiblen oder leicht entzündlichen Stoffen angefülltes Gebäude, z. B. ein Pulvermagazin, ein Scheuergebäude oder hohe und wertvolle Gebäude, welche zugleich zu großen Menschenansammlungen dienen, bedürfen einer gründlicheren Überwachung als gewöhnliche massive Gebäude in geschlossen gebauten Stadtteilen, wo die Blitzgefahr an und für sich eine geringe ist, und wo im Falle des Blitzeinschlags auch bei ganz ungeschützten Gebäuden in der Regel nur ein verhältnismäßig geringer Schaden entsteht.

Bei Gebäuden mit besonders gefährlichem Inhalt wird man sich neben einer gründlichen Besichtigung der Blitzableiteranlage der elektrischen Prüfung mit Vorteil bedienen und zwar empfiehlt es sich hier, den Erdübergangswiderstand unmittelbar nach der Neuherstellung der Leitung zu messen, um aus dem Unterschied zwischen diesem und den bei späteren Messungen sich ergebenden Resultaten einen richtigen Schluß auf den jeweiligen Zustand der Erdleitungen ziehen zu können.

Ein nach den richtigen Grundsätzen angelegter Blitzableiter auf einem neuerbauten Hause wird wahrscheinlich auf eine lange Reihe von Jahren hinaus ohne weiteres seine Schuldigkeit tun, und ist deshalb in den ersten Jahren nach dem Hausbau eine jährliche peinliche Untersuchung der Blitzableiteranlage weniger nötig; je älter der Blitzableiter aber wird, um so rascher schreitet die Materialzerstörung unter den atmosphärischen Einflüssen, denjenigen der Abzugsgase von Schornsteinen usw. fort, und desto größer wird die Gefahr von Beschädigungen der Schutzanlage durch die öfter wiederkehrenden Gebäude-, insbesondere Dachreparaturen.

Für gewöhnliche Verhältnisse kann als Anhalt dienen, daß bei der ersten Prüfung gut befundene Blitzableiter auf neuerbauten Häusern mindestens nach einem Zeitraum von 10 Jahren wieder einer gründlichen Hauptprüfung zu unterziehen sind und später mindestens alle 5 Jahre. Bei eisernen Erdleitungen empfiehlt es sich jedoch, die zweite gründliche Untersuchung schon nach 5 Jahren und die späteren alle 3 Jahre vorzunehmen. Genaue Untersuchungen sind außerdem erforderlich nach jeder größeren Dachreparatur oder sonstigen baulichen Veränderung, welche auf die Blitzableiteranlage verändernd einwirken kann, und insbesondere nach einem Blitzschlag in das Gebäude. Außer diesen Hauptprüfungen sollte jedes Jahr vor Beginn der Hauptgewitterperiode, d. h. im Monat März oder Anfang April, wenigstens eine Besichtigung des oberirdischen Teils der Blitzableiteranlage stattfinden.

Bei der **ersten Hauptprüfung älterer Blitzableiteranlagen** fragt es sich, ob der Gebäudebesitzer zu größeren Opfern bereit ist oder nicht, ob er einen möglichst sicheren, dauernden Schutz haben will, oder ob er sich mit einem wahrscheinlichen und vergänglicheren begnügt, ob das Gebäude nach seiner Größe, Form, Bauart, Bestimmung und Lage einen besonders sicheren oder einen weniger sicheren Schutz beansprucht. Womöglich sollte aber vermieden werden, daß wegen zu vieler Bemängelungen und zu hoher Anforderungen dem Besitzer die Anlage verleidet wird und er lieber den ganzen Blitzableiter beseitigt und ihn nicht wieder ersetzt, statt ihn reparieren zu lassen.

Es ist zu berücksichtigen, daß selbst die primitivsten und mangelhaftesten Einrichtungen immer noch einen gewissen Schutz gewähren können, und daß eine Vergrößerung der Blitzgefahr durch Unvollkommenheiten des Blitzableiters im allgemeinen nicht zu befürchten ist.[1])

Bei einer gründlichen Prüfung älterer Blitzableiteranlagen ist zunächst wie bei neuen Blitzableitern, das Gebäude nach Form, Bauart und Inhalt, insbesondere in Hinsicht auf vorhandene Metallteile, deren leitende Verbindung mit der Erde und ihre Entfernung vom Blitzableiter zu besichtigen; außerdem sind die Bodenverhältnisse in der Umgebung des Gebäudes soweit wie möglich unter Zuhilfenahme zuverlässiger Angaben lokalkundiger Leute zu prüfen. Sind Eisenbalken, Eisensäulen, Gas- und Wasserleitungen vorhanden, so ist diesen sowie eisernen Ankern, Schrauben und dergleichen, welche leitende Brücken vom Blitzableiter zu jenen größeren Metallmassen bilden können, eine besondere Beachtung zu schenken. Sodann ist zu untersuchen, ob die wahrscheinlichen Einschlagstellen durch die vorhandenen Auffangvorrichtungen genügend geschützt sind, ob Zahl und Führung der Ableitungen richtig und alle erforderlichen Metall-

[1]) Siehe Leitsätze des Elektrotechnischen Vereins, Ziffer 4, hinten S. 118.

anschlüsse, insbesondere die Anschlüsse an Gas- und Wasserleitungen vorhanden sind, ob die Leitungen nirgends unterbrochen und ob die Leitungsquerschnitte entsprechende sind, ob die Auffangstangen und Blitzableiterstützen und die Leitungen in letzteren festsitzen, ob die Verbindungen dicht und fest sind und genügend große Berührungsflächen besitzen, ob eiserne Auffangvorrichtungen und Leitungen und insbesondere die Leitungsverbindungen durch Verzinkung oder Anstrich gegen Oxydation genügend geschützt sind. Über den Zustand der Erdleitungen hat man sich soviel wie möglich durch Aufgraben und unmittelbare Besichtigung Gewißheit zu verschaffen; unter Umständen kann man sich mit zuverlässigen Zeugenaussagen, etwa derjenigen der Blitzableitersetzer oder der Leute, welche die Erdleitungsschächte gegraben und wieder eingefüllt haben, begnügen. Sicherer als letzteres Auskunftsmittel ist die elektrische Messung des Übergangswiderstandes der Erdleitung.

Bei in Brunnen versenkten Erdplatten kann deren Zustand in der Regel leicht durch Herausnahme untersucht werden.

Wenn es sich um die Verbesserung älterer Blitzableiteranlagen handelt, so sollte Bestehendes soviel wie möglich unverändert gelassen und nur Fehlendes ergänzt werden. Häufig wird es sich um die Ergänzung der Auffangvorrichtungen, insbesondere um einen besseren Schutz der Schornsteinköpfe und Giebelspitzen, um eine Vermehrung der Ableitungen und um Einbeziehung metallener Dachverwahrungen, Dachrinnen und Abfallrohre in das Leitungsnetz, sowie um den Anschluß von Gas- und Wasserleitungen und von sonstigen größeren Eisenmassen an und in den Gebäuden handeln.

Vorhandene spitze Winkel im Verlauf der Leitungen sind durch flache Bogen zu überbrücken. Wo als Erdleitung nur eine einzige Tiefenleitung von zweifelhafter Güte vorhanden ist, wird man auf ihre Verbesserung durch die Anbringung großflächiger Oberflächenleitungen bedacht sein; es kann aber auch häufig durch geschickte Benutzung der Regenabfallrohre, und überhaupt durch Vermehrung der Ableitungen, der Mangel guter Erdleitungen ausgeglichen werden.

Bei sehr defekten und mangelhaften Anlagen kann in Frage kommen, ob es nicht statt der Vornahme durchgreifender Verbesserungen und Ergänzungen, statt des Aufgrabens tiefer Erdleitungen einfacher und billiger ist, die ganze Anlage oder einen Teil derselben nach der in den früheren Kapiteln gegebenen Anleitung für die Neuherstellung von Blitzableitern zu erneuern. Bei Vorhandensein alter durchgerosteter eiserner Erdleitungen sind dieselben durch verzinkte Eisenleitungen oder besser durch solche aus Kupfer zu ersetzen.

Bei den oben S. 114 empfohlenen **periodischen Hauptprüfungen** ist in ähnlicher Weise wie bei der ersten Hauptprüfung zu verfahren. Da bei Dachreparaturen schwächere Blitzableitungen leicht verletzt und häufig nicht sofort wiederhergestellt werden, so ist der Zustand der Dachleitungen nach solchen Reparaturen nötigenfalls unter Zuhilfenahme eines Fernrohrs mit besonderer Sorgfalt zu untersuchen, und hat man sich insbesondere auch davon zu überzeugen, ob die erforderlichen Anschlüsse an metallene Dachverwahrungen und Dachrinnen noch vorhanden sind. Wenn seit der letzten Prüfung irgend welche bauliche Änderungen vorgenommen worden sind, so ist zu untersuchen, ob und in welcher Weise die Blitzableiteranlage zu ändern oder zu ergänzen ist. Ist z. B. eine vorher nicht dagewesene Wasserleitung eingerichtet worden, so wird selbst ein mit einer guten Erdleitung versehener Blitzableiter keinen sicheren Schutz mehr gewähren, wenn er nicht an die noch bessere Erdleitung der Wasserleitung angeschlossen wird. Durch die den Schornsteinen entweichenden Rauchgase sind an ersteren angebrachte oder in ihrer Nähe befindliche eiserne Auffangvorrichtungen und Gebäudeleitungen der Zerstörung durch Rost in besonderem Maße ausgesetzt, weshalb bei den periodischen Prüfungen ein Hauptaugenmerk auf diese Blitzableiterteile um so mehr zu richten ist, als an solchen Stellen in der Regel der Blitzeinschlag erfolgt.

Die **jährlichen Zwischenprüfungen** vor Eintritt der Hauptgewitterperiode können durch Besichtigung der ganzen Anlage, soweit sie zutage tritt, durch beliebige sachverständige Handwerker oder den Gebäudebesitzer selbst geschehen, soweit die Prüfung nicht amtlicherseits erfolgt. Diese Besichtigung wird eine mehr oder weniger sorgfältige sein müssen, je nach dem Grad des beanspruchten Blitzschutzes und der Art und dem Inhalt des zu schützenden Objekts.

Da infolge von Dachreparaturen, sowie durch den Sturm und die Einwirkungen von Regen und Schnee die über dem Dach befindlichen Teile der Blitzableiter Beschädigungen und der Materialzerstörung verhältnismäßig am meisten ausgesetzt sind, so ist auch bei dieser Art von Prüfungen den Auffangvorrichtungen und den Dachleitungen die größte Aufmerksamkeit zu schenken.

Anhang.

I. Leitsätze über den Schutz der Gebäude gegen den Blitz

aufgestellt vom

Elektrotechnischen Verein u. dem Verbande Deutscher Elektrotechniker. [1])

1. Der Blitzableiter gewährt den Gebäuden und ihrem Inhalte Schutz gegen Schädigung oder Entzündung durch den Blitz. Seine Anwendung in immer weiterem Umfange ist durch Vereinfachung seiner Einrichtung und Verringerung seiner Kosten zu fördern.

---

[1]) Diese Leitsätze wurden von dem permanenten Unterausschuß des Elektrotechnischen Vereins für die Blitzgefahr, bestehend aus den Herren Geheimen Regierungsrat Prof. Dr. Aron, Prof. Dr. Feußner, Baurat Findeisen, Ingenieur Naglo, Prof. Dr. Neesen, Dr. Nippoldt, Geheimen Postrat Prof. Dr. Strecker, Prof. Dr. Leonh. Weber, denen die Herren Geheimer Regierungsrat Prof. Dr. W. Kohlrauch, Blitzableiterfabrikant R. Siemsen, Hannover, Prof. Dr. Voller und Oberregierungsrat Prof. Dr. Weinhold als Berater zur Seite standen, entworfen und in der Sitzung des Elektrotechnischen Vereins am 23. April 1901 und in der IX. Jahresversammlung des Verbandes Deutscher Elektrotechniker am 28. Juni 1901 je einstimmig angenommen (Elektrotechnische Zeitschrift 1901, Nr. 18 u. 37). Der Referent des Unterausschusses, Geheimrat Strecker, begründete die Aufstellung der Leitsätze u. a. wie folgt: „Das Bedürfnis nach einer von autoritativer Seite ausgehenden Äußerung über die Errichtung von Gebäudeblitzableitern war vorhanden; es konnte nur dadurch befriedigt werden, daß die Grundlagen für den Blitzableiterbau zusammengestellt wurden, soweit darüber unter den Sachverständigen keine Meinungsverschiedenheit bestand. Dies war allerdings schon 1886 durch die vom Elektrotechn. Verein herausgegebene Schrift: „Blitzgefahr Nr. 1“ geschehen. Allein einerseits hatten sich unsere Anschauungen über die Erfordernisse eines Blitzableiters seitdem weiter entwickelt, andererseits erschien es als ein Bedürfnis, die allgemein anerkannte Meinung in einer kurzen Form auszusprechen, nicht wie damals in einer Abhandlung, sondern in wenigen kurz gefaßten Sätzen. Auf diese Weise sollte zunächst eine Grundlage geschaffen werden für die weitere Entwickelung des Blitzableiterbaues. Es sollte aber außerdem den Kreisen, die außerhalb der Elektrotechnik stehen und sich für den Blitzableiter interessieren, der gegenwärtige Stand unserer Anschauungen in einer abgerundeten und von der Autorität unseres Vereines getragenen Form vorgeführt werden. Wir wenden uns an die Erbauer und Besitzer von Häusern und Gebäuden aller Art, an die Behörden, welche den Bau und die Unterhaltung von Gebäuden zu beaufsichtigen haben, an die Feuerversicherungsgesellschaften und Brandkassen. Ihnen wollen wir mit knappen Worten sagen, nach welchen Grundsätzen ein Blitzableiter zu erbauen und wie seine Wirksamkeit zu beurteilen ist.“

2. Der Blitzableiter besteht aus:

a) den Auffangevorrichtungen,
b) den Gebäudeleitungen und
c) den Erdleitungen.

a) Die Auffangevorrichtungen sind emporragende Metallkörper, -flächen oder -leitungen. Die erfahrungsgemäßen Einschlagstellen (Turm- oder Giebelspitzen, Firstkanten des Daches, hochgelegene Schornsteinköpfe und andere besonders emporragende Gebäudeteile) werden am besten selbst als Auffangevorrichtungen ausgebildet, oder mit solchen versehen.

b) Die Gebäudeleitungen bilden eine zusammenhängende metallische Verbindung der Auffangevorrichtungen mit den Erdleitungen; sie sollen das Gebäude, namentlich das Dach, möglichst allseitig umspannen und von den Auffangevorrichtungen auf den zulässig kürzesten Wegen und unter tunlichster Vermeidung schärferer Krümmungen zur Erde führen.

c) Die Erdleitungen bestehen aus metallenen Leitungen, welche an den unteren Enden der Gebäudeleitungen anschließen und in den Erdboden eindringen; sie sollen sich hier unter Bevorzugung feuchter Stellen möglichst weit ausbreiten.

3. Metallene Gebäudeteile und größere Metallmassen in und am Gebäude, insbesondere solche, welche mit der Erde in großflächiger Berührung stehen, wie Rohrleitungen, sind tunlichst unter sich und mit dem Blitzableiter leitend zu verbinden. Insoweit sie den in den Leitsätzen 2, 5 und 6 gestellten Forderungen entsprechen, sind besondere Auffangevorrichtungen, Gebäude- und Erdleitungen entbehrlich. Sowohl zur Vervollkommnung des Blitzableiters als auch zur Verminderung seiner Kosten ist es von größtem Wert, daß schon beim Entwurf und bei der Ausführung neuer Gebäude auf möglichste Ausnutzung der metallenen Bauteile, Rohrleitungen u. dgl. für die Zwecke des Blitzschutzes Rücksicht genommen wird.

4. Der Schutz, den ein Blitzableiter gewährt, ist um so sicherer, je vollkommener alle dem Einschlag ausgesetzten Stellen des Gebäudes durch Auffangevorrichtungen geschützt, je größer die Zahl der Gebäudeleitungen und je reichlicher bemessen und besser ausgebreitet die Erdleitungen sind. Es tragen aber auch schon metallene Gebäudeteile von größerer Ausdehnung, insbesondere solche, welche von den höchsten Stellen der Gebäude zur Erde führen, selbst wenn sie ohne Rücksicht auf den Blitzschutz ausgeführt sind, in der Regel zur Verminderung des Blitzschadens bei. Eine Vergrößerung der Blitzgefahr durch Unvollkommenheiten des Blitzableiters ist im allgemeinen nicht zu befürchten.

5. Verzweigte Leitungen aus Eisen sollen nicht unter 50 mm², unverzweigte nicht unter 100 mm² stark sein. Für Kupfer ist die Hälfte dieser Querschnitte ausreichend; Zink ist mindestens vom ein- und ein-

halbfachen, Blei vom dreifachen Querschnitt des Eisens zu wählen. Der Leiter soll nach Form und Befestigung sturmsicher sein.

6. Leitungsverbindungen und Anschlüsse sind dauerhaft, fest, dicht und möglichst großflächig herzustellen. Nicht geschweißte oder gelötete Verbindungsstellen sollen metallische Berührungsflächen von nicht unter 10 cm^2 erhalten.

7. Um den Blitzableiter dauernd in gutem Zustande zu erhalten, sind wiederholte sachverständige Untersuchungen erforderlich, wobei auch zu beachten ist, ob inzwischen Änderungen an dem Gebäude vorgekommen sind, welche entsprechende Änderungen oder Ergänzungen des Blitzableiters bedingen.

Berlin, 23. April 1901.

Elektrotechnischer Verein.

Der Vorsitzende: Slaby.

Anmerkung des Elektrotechnischen Vereins: Belehrung über die Wirkung der Blitzableiter findet man in den vom Elektrotechnischen Verein herausgegebenen Schriften „Die Blitzgefahr Nr. 1 und 2" (Berlin, J. Springer). Praktische Anleitungen für die Errichtung von Gebäude-Blitzableitern, wesentlich im Sinne obiger Leitsätze, sind in dem Findeisenschen Buche: „Ratschläge über den Blitzschutz der Gebäude" (Berlin, J. Springer) enthalten.

II. Blitzschutzvorrichtungen an Anlagen zur Herstellung von nitroglyzerinhaltigen Sprengstoffen (Dynamit)

vorgeschlagen vom

Elektrotechnischen Verein in Berlin

im Auftrage des Kgl. Preuß. Ministeriums für Handel und Gewerbe.

Elektrotechn. Zeitschrift 1904, S. 985—987.[1])

Die Blitzableiteranlage hat aus folgenden Teilen zu bestehen:

A. Äußerer Teil, welcher einen einschlagenden Blitz aufzufangen und dadurch vom Gebäude fernzuhalten hat.

B. Innerer Teil, welcher unmittelbar an den Gebäuden anzubringen ist und die Bestimmung hat, einen vom äußeren System nicht genügend aufgefangenen und abgeleiteten Blitz oder eine Teilentladung aufzunehmen, unschädlich abzuleiten und insbesondere das Innere des Gebäudes von elektrischen Spannungen freizuhalten.

C. Anordnungen für die Rohr- und elektrischen Leitungen, welche die Einführung höherer elektrischer Spannungen in das Innere der Gebäude vermeiden sollen.

D. Anordnungen in bezug auf die metallenen Gegenstände im Innern der Gebäude, um dort Entladungen, hervorgerufen durch Spannungen zwischen den einzelnen Gegenständen, zu vermeiden.

---

[1]) Vgl. oben S. 27.

A. Äußerer Teil.

Der äußere Teil wird dadurch gebildet, daß etwa 2 m über dem höchsten Punkt des Gebäudes ein wagerechtes Netz aus Drahtseilen, Drähten oder Bändern *n* (verzinktes Eisen oder Kupfer) von etwa 10 bis 15 qmm Querschnitt mit einer Maschenweite von 1 m ausgespannt wird. Diese Leitungen werden, etwa zu vier oder fünf zusammengefaßt, an eisernen Stangen *s* aufgehängt, die auf der Krone der Umschließungswälle befestigt werden (s. Fig. 201 u. 202). Eine ebensolche Leitung verbindet die oberen Enden der Stangen *s* untereinander.

Zwischen den Stangen ist in der Wallkrone eine leitende Verbindung herzustellen vermittelst eines fingerstarken Blei- oder Kupferdrahtes, welcher in eine Schüttung *g* von Nußkoks (etwa 20 cm im Quadrat) eingelegt wird (s. Fig. 202).

Weiter sind von den Stangen *s* auf der äußeren Seite des Walles Leitungen *e* zu der Erdleitung zu führen, welche zunächst in einer äußeren Ringleitung *r* am Fuße des Walles besteht. Auch diese Leitung ist in eine Koksschüttung *g* (Fig. 202) einzulegen, welche in einem Graben von 50 cm Tiefe 20 cm hoch und 30 cm breit auszulegen ist. In der Mitte dieser Schüttung liegt die metallische Ringleitung. Wenn verschiedene Gebäude durch gemeinsame Wälle getrennt sind, so ist die äußere Ringleitung nur am Fuße des Umfassungswalles anzubringen.

Sind Grundwasser führende Erdschichten leicht zu erreichen, so müssen mindestens zwei der Ableitungen *e*, die zu der äußeren Ringleitung führen, bis zu jenen Schichten verlängert und in großflächige Berührung mit denselben gebracht werden. Wo dieses nicht leicht auszuführen ist, sind an Stelle dieser Weiterführung 10 m lange Drähte, etwa vier an der Zahl, strahlförmig, etwa 50 cm unter der Oberfläche zu verlegen.

Ferner sind die zu dem zu schützenden Gebäude führenden Rohrleitungen mit Ausnahme derjenigen, welche Nitroglyzerin enthalten, sowie etwa vorhandene Schienenleitungen und andere benachbarte Rohrleitungen mit dieser äußeren Ringleitung zu verbinden. Es empfiehlt sich, in dem Graben der äußeren Ringleitung altes Eisen oder anderes Altmetall einzulegen.

Der Schutzwall ist mit Gras zu bepflanzen.

B. Innerer Teil.

Der innere Teil besteht aus einem Drahtnetz *m* von 2 mm starkem verzinkten Eisendraht mit 10 cm weiten Maschen, welches auf dem Dache verlegt wird. Die Dachbedeckung muß aus nicht entflammbarem Material bestehen.

Von diesem inneren Netze gehen Querleitungen in Abständen von 3 m nach einer Ringleitung *t* in der inneren Böschung und von dieser Leitung *t* Abzweigungen nach der Koksschüttung *g* am Fuße des inneren Walles.

Das innere Drahtnetz kann fehlen bei kleineren Gebäuden, welche keine größeren Metallmassen enthalten, wie Patronenhütten, Packhäuser.

Fangstangen sind auf den Gebäuden nicht anzubringen. Schornsteine oder Dunstaufsätze sind mit der Dachleitung zu verbinden; bestehen dieselben aus nicht metallischem Material, so sind um ihre höchsten Spitzen Blechbänder *d* (Fig. 201) zu legen, die mit der Dachleitung verbunden werden. Metallkappen können an Stelle dieser Bleche treten.

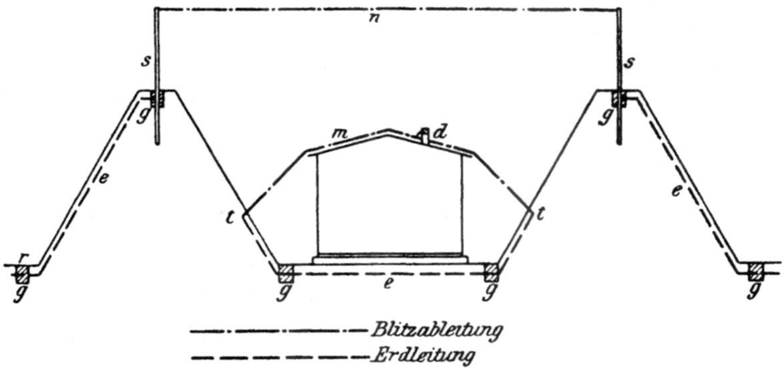

Fig. 201.

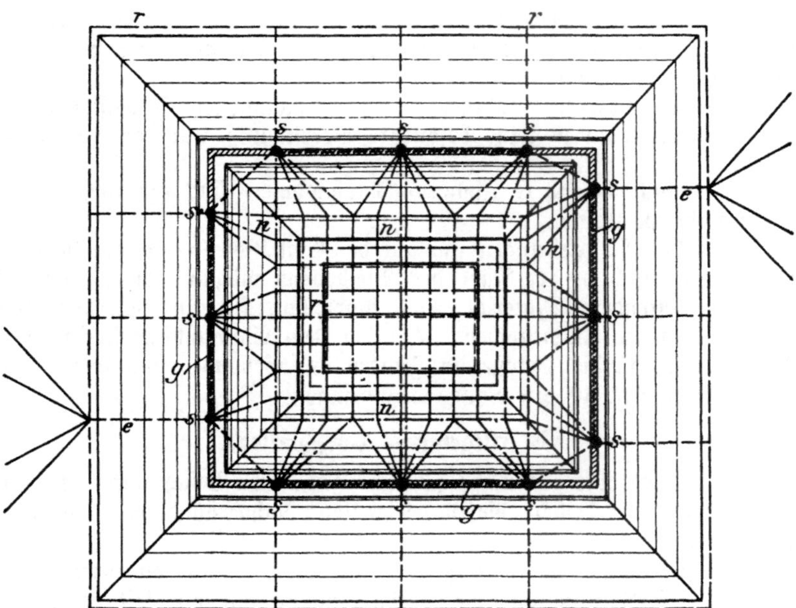

Fig. 202.

C. Rohr- und elektrische Leitungen.

Alle in das Haus einführende Rohrleitungen sind möglichst unter der Bodenoberfläche zu verlegen.

Die elektrischen Leitungen dürfen nicht über die Wallkrone geführt werden, es empfiehlt sich, sie als unterirdische Kabelleitungen anzuordnen, welche an der Außenwand des Gebäudes aufsteigen und dort mittelst Steckkontakte mit der in das Innere des Gebäudes führenden Leitung verbunden werden können. Die elektrischen Leitungen sind vor dem Steckkontakte mit einem Starkstromblitzableiter zu versehen.

Bei Lösung des Kontaktes muß zwischen dem Ende der Kabelleitung und der in das Innere des Gebäudes führenden Leitung ein Abstand von mindestens 1 m hergestellt werden können.

Drahtzüge dürfen nicht in die Gebäude führen.

Die Leitungen im Innern des Gebäudes sind durch Bleikabel herzustellen, oder durch Gummiaderleitungen, welche in starkwandigen Rohren zu führen sind.

D. Einrichtungen im Innern des Gebäudes.

Treibriemen sind nur so zu verwenden, daß die Möglichkeit von Funkenbildung ausgeschlossen ist.

Elektrische Motoren dürfen nur voll eingekapselt benutzt werden.

Die metallenen Gefäße müssen mit dem oberen Rande mindestens 1 m weit von der Decke entfernt sein; sie sind untereinander durch angelötete Bleistreifen zu verbinden, wenn sie eine geringere Entfernung als 10 cm voneinander haben.

Mit dem inneren Drahtnetz sind diese metallenen Gegenstände nicht zu verbinden; auch ist keine besondere Verbindung mit der Erde herzustellen.

Aber auch besondere Isolierungsmaßnahmen sind für diese Gegenstände nicht zu treffen.

Sämtliche Rohrleitungen sind an den Eintrittsstellen in das Gebäude, insbesondere auch in der Nähe des Bleibodens möglichst durch Rohrstücke aus nicht leitendem Material (Ton, Porzellan, Gummi) von mindestens 50 cm Länge zu unterbrechen. Auch an den Einmündungsstellen dieser Rohrleitungen in die Gefäße im Innern des Gebäudes sind solche isolierende Stücke von 10 cm Länge anzubringen.

E. Allgemeine Vorschriften.

Es genügt eine einmalige jährliche gründliche Besichtigung der Blitzschutzanlagen durch einen hierzu geeigneten Sachverständigen, am besten Anfang März.

In Zeiträumen von fünf zu fünf Jahren muß an verschiedenen Stellen die Erdleitung und die Verbindung der inneren Leitung mit den Ableitungen *e* bloßgelegt werden, um die Güte dieser Leitungen und Verbindungen zu untersuchen, sowie eine galvanische Messung des Erdübergang-Widerstandes ausgeführt werden.

Soweit es die Betriebsrücksichten gestatten, sollten beim Nahen eines Gewitters die äußeren Sprengöl- und Säureleitungen entleert werden.

III. Vorschriften für den Blitzschutz von Pulverfabriken und weniger gefährlichen Gebäuden in Sprengstoff-Fabriken

vorgeschlagen vom

Elektrotechnischen Verein in Berlin

im Auftrage des Kgl. Preuß. Ministeriums für Handel und Gewerbe.

(Elektrotechn. Zeitschrift 1906, S. 576—578.[1])

Vorbemerkungen.

Der vorliegende Entwurf ist bestimmt für Schwarzpulverfabriken, für Pulver- und Dynamitmagazine, für Fabriken zur Herstellung gelatinierten rauchschwachen Pulvers mit Ausnahme derjenigen Gebäude, in denen Nitroglyzerin aufbewahrt oder verarbeitet wird, sowie für die weniger gefährlichen Gebäude von Nitroglyzerinfabriken, welche Sprengstoffe enthalten, sofern diese Gebäude nicht nach dem vom Elektrotechnischen Verein ausgearbeiteten „Entwurf zu Vorschriften für die Errichtung von Blitzschutzvorrichtungen an Anlagen zur Herstellung von nitroglyzerinhaltigen Sprengstoffen"[2]) geschützt sind.

Für diejenigen Gebäude von Pulver- und Dynamitfabriken, welche keine Explosivstoffe oder sonst größere Mengen leicht entzündlicher Stoffe enthalten, genügen Blitzableiter nach den für gewöhnliche Gebäude geltenden Grundsätzen, vergl. Leitsätze über den Schutz der Gebäude gegen den Blitz, aufgestellt vom Elektrotechnischen Verein[3]).

A. Auffangvorrichtungen und Gebäudeleitungen.

Alle voraussichtlichen Einschlagstellen des Blitzes (Firstkanten, bei Dachneigungen von weniger als 45⁰ auch die Giebel- und Traufkanten, Schornsteine, Dunstabzugsrohre, Türmchen, stehende Dachfenster und sonstige die Dachfläche überragende Gebäudeteile) sind durch Auffangleitungen oder andere an den gefährdeten Stellen angebrachte Auffangvorrichtungen zu schützen. Derartige Stellen bedürfen, wenn sie bereits mit Metall überdeckt sind, keiner besonderen Schutzvorrichtungen (vergl. den Abschnitt über Anschluß von Metallmassen, zweiter Absatz), sind aber an das allgemeine System anzuschließen.

Von den Enden der Firstkanten und dazwischen in Abständen von höchstens 5 m, sowie von allen die Dachflächen überragenden Gebäudeteilen sind Gebäudeleitungen auf dem zulässig kürzesten Wege und unter tunlichster Vermeidung schärferer Krümmungen zur Erde zu führen.

Sofern Auffangstangen verwendet werden, sind sie in den Kreuzungspunkten des Leitungsnetzes, in den Firstkanten und bei Dachneigungen von weniger als 45⁰ auch in den Traufkanten, sowie auf den die Dach-

[1]) Vgl. oben S. 28.
[2]) „Elektrotechn. Zeitschrift" 1904, S. 985 und oben S. 119.
[3]) „Elektrotechn. Zeitschrift" 1901, S. 390 und oben S. 117.

fläche überragenden, nicht schon anderweitig geschützten Gebäudeteilen zu errichten. Ihre Höhe ist zweckmäßigerweise auf etwa 1 m zu beschränken. Die Stangen sind nach Möglichkeit so einzurichten, daß sie das Dach nicht durchdringen; läßt sich dies nicht vermeiden, so dürfen sie höchstens 20 cm in das Innere hineinragen.

Sämtliche Auffangvorrichtungen und Leitungen müssen so unter sich und mit der Erdleitung verbunden sein, daß ein einschlagender Blitz sich von der Einschlagstelle aus über das ganze Leitungsnetz ausbreiten kann.

B. Erdleitungen.

Die Erdleitungen bestehen aus langgestreckten, strahlenförmig unter der Erdoberfläche verlegten metallischen Bändern, Drähten oder Drahtnetzen oder aus haltbaren metallenen großflächigen Platten, die in das Grundwasser, in fließendes Wasser oder in ständig feuchtes Erdreich zu legen sind. Sofern es die örtlichen Verhältnisse erlauben, sind die Gebäude statt dessen mit einer ringsherum laufenden metallischen Leitung zu umgeben, welche 30 bis 50 cm unter der Erdoberfläche zu verlegen ist. Diese Ringleitungen sind einerseits mit sämtlichen Gebäudeleitungen, anderseits mit vorhandenen unterirdischen Rohrleitungen und außerdem, wo es möglich ist, durch besondere Zuleitungen mit fließendem Wasser oder Grundwasser in großflächige Verbindung zu bringen. Solcher Verbindungsleitungen zu vorüberführenden Rohrleitungen und zum Grundwasser sind stets mehrere anzulegen und auf den Umfang der Ringleitung zu verteilen. In Ermangelung von Rohrleitungen oder dauernd feuchten Stellen sind von diesen Leitungen etwa 10 m lange Leiter in Abständen von etwa 10 m oder mehrere strahlenförmige Ausläufer mit einer Länge von je etwa 5 m abzuzweigen.

Die in geringer Tiefe verlegte Erdleitung kann durch eine Koksschüttung oder Einlage von Alt-Eisen verbessert werden (vergl. Entwurf zu Vorschriften für die Errichtung von Blitzschutzvorrichtungen an Anlagen zur Herstellung von nitroglyzerinhaltigen Sprengstoffen. Abschnitt A, zweiter und fünfter Absatz, oben S. 120).

Wo angängig, sind die Erdleitungen benachbarter Gebäude unter sich zu verbinden.

C. Anschluß von Metallmassen.

Alle größeren Metallteile der äußeren Hausfläche (Dachrinnen, Abfallrohre, eiserne Türen, Beleuchtungskästen und dergleichen) sind an die Blitzableitung anzuschließen, kleinere Metallteile nur dann, wenn sie sich nahe der Leitung befinden.

Insoweit die metallenen Gebäudeteile den oben gestellten Anforderungen an Auffangvorrichtungen und Gebäudeleitungen entsprechen (Wellblechdächer, Dachrinnen, Abfallrohre usw.) sind besondere Auffangvorrichtungen und Gebäudeleitungen entbehrlich.

Die in die Gebäude hineinragenden unteren Enden von Auffangstangen, die Auffang- und Gebäudeleitungen, sowie deren Befestigungsmittel sind möglichst weit, mindestens aber 1 m entfernt von inneren Metallmassen anzubringen. Ist dies nicht durchzuführen (z. B. bei eisernen Dachkonstruktionen), so müssen diese Metallmassen doppelseitig an den Blitzableiter angeschlossen werden, und es ist streng zu vermeiden, Sprengstoffe mit ihnen in Berührung zu bringen.

Im übrigen finden bezüglich der inneren Metallgegenstände, Rohrleitungen und elektrischen Leitungen die Absätze C und D des „Entwurfes zu Vorschriften für die Errichtung von Blitzschutzvorrichtungen an Anlagen zur Herstellung von nitroglyzerinhaltigen Sprengstoffen“ (s. oben S. 121 und 122) sinngemäße Anwendung.

D. Besondere Blitzschutzvorrichtungen.

Die Sicherheit wird erhöht, wenn außer den oben beschriebenen, an den Gebäuden selbst angebrachten Blitzableitern neben dem zu schützenden Gebäude auf freistehenden, das Gebäude überragenden Masten besondere Auffangvorrichtungen mit Ableitungen und guten mit denjenigen der Gebäude zusammenhängenden Erdleitungen angebracht werden. Für kleinere Gebäude, welche Explosivstoffe, aber keine größeren Metallmassen enthalten, genügen als Schutz freistehende Maste mit Auffangvorrichtung und Erdleitung, wenn die Maste die Gebäude um das Maß ihres wagrechten Abstandes vom Gebäude überragen. Gebäude, die mit einem Schutzwall umgeben sind, bedürfen keines besonderen Blitzableiters, wenn sie mit dem im Abschnitt A des Entwurfs zu Vorschriften an Anlagen zur Herstellung von nitroglyzerinhaltigen Sprengstoffen beschriebenen Blitzableiteranlagen versehen sind.

Bäume, deren Zweige näher als 5 m an Gebäude heranreichen, sind mit einer etwa in der Mitte der Krone beginnenden und an die Erdleitung des Gebäudes anzuschließenden Blitzableitung zu versehen. Außerdem sind da, wo die Zweige in größere Nähe des Gebäudes kommen, diesen gegenüber Auffangvorrichtungen mit den erforderlichen Gebäude- und Erdleitungen anzuordnen.

E. Ausführung der Blitzableiter und besondere Vorsichtsmaßregeln.

Als Material für Blitzableiter ist Kupfer oder Eisen (verzinktes Eisen) zu wählen. Zu natürlichen Gebäudeleitungen (Dachrinnen, Abfallröhren u. dgl.) kann auch Zink, zu Erdleitungen außerdem Blei verwendet werden. Verzweigte Leitungen aus Eisen sollen nicht unter 50 qmm, unverzweigte nicht unter 100 qmm stark sein. Für Kupfer ist die Hälfte dieser Querschnitte ausreichend; Zink ist mindestens vom einund einhalbfachen, Blei vom dreifachen Querschnitt des Eisens zu wählen. Der Leiter soll nach Form und Befestigung sturmsicher sein. Leitungsverbindungen und Anschlüsse sind dauerhaft, fest, dicht und möglichst großflächig herzustellen. Nicht geschweißte oder gelötete Verbindungsstellen sollen metallische Berührungsflächen von nicht unter 10 qcm erhalten.[1])

Die Gebäudeleitungen können auf den Dach- und Wandflächen aufliegend angeordnet werden; auf weicher Dachung aber (z. B. bei Dächern aus Asphaltpappe), sind sie in einem Abstande von mindestens 10 cm von der Dachfläche zu führen. Die Leitungen brauchen nicht isoliert zu werden.

Metallene Schutzbekleidungen der Leitungen sind mit diesen an beiden Enden metallisch zu verbinden.

Soweit keine praktischen Gründe entgegenstehen, ist großflächigen band- und blechförmigen, in größeren Längen hergestellten Leitern der Vorzug vor Drähten zu geben.

Bei der Aufstapelung von Pulver und Sprengstoffen in Magazinen ist die unmittelbare Berührung der Verpackungsgefäße mit Metallteilen zu vermeiden.

F. Prüfung.

Alljährlich, am besten im Frühling, und nach jedem starken Gewitter ist eine gründliche Besichtigung der Blitzableiteranlage und mindestens alle fünf Jahre eine genaue sachverständige Untersuchung, verbunden mit galvanischer Messung des Erdübergangswiderstandes erforderlich.

---

[1]) Die Angaben über Größe der Querschnitte und Berührungsflächen sind den „Leitsätzen über den Schutz der Gebäude gegen den Blitz, aufgestellt vom Elektrotechnischen Verein", entnommen.

Fig. 1.

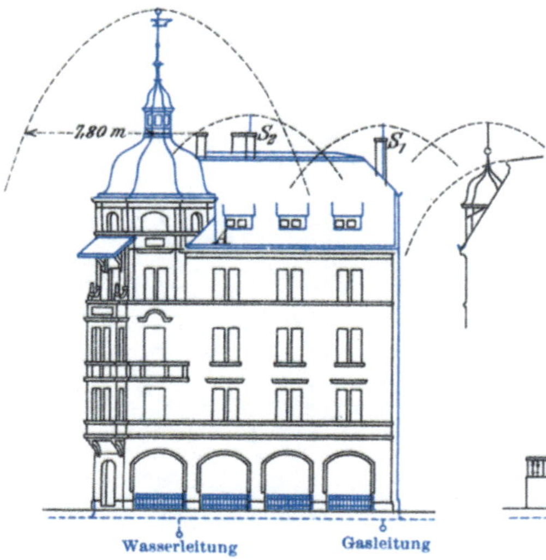

Fig. 3.

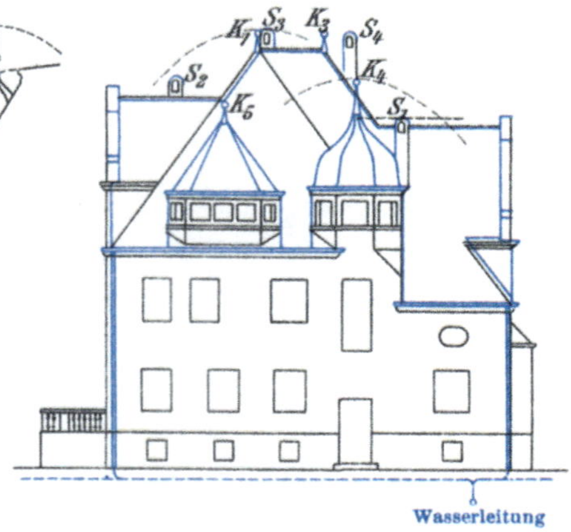

Fig. 2.

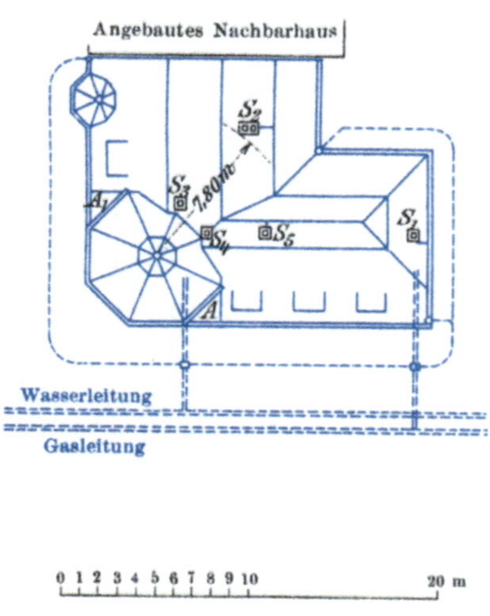

Fig. 4.

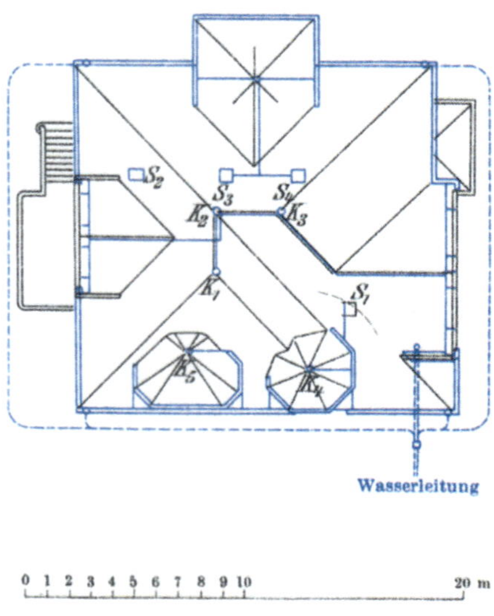

Verlag von Julius Springer in Berlin.

Fig. 1.

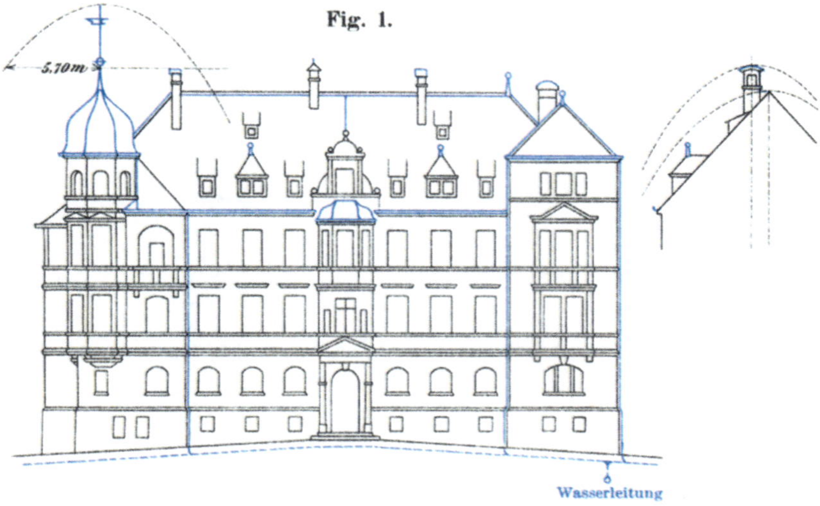

Fig. 2.

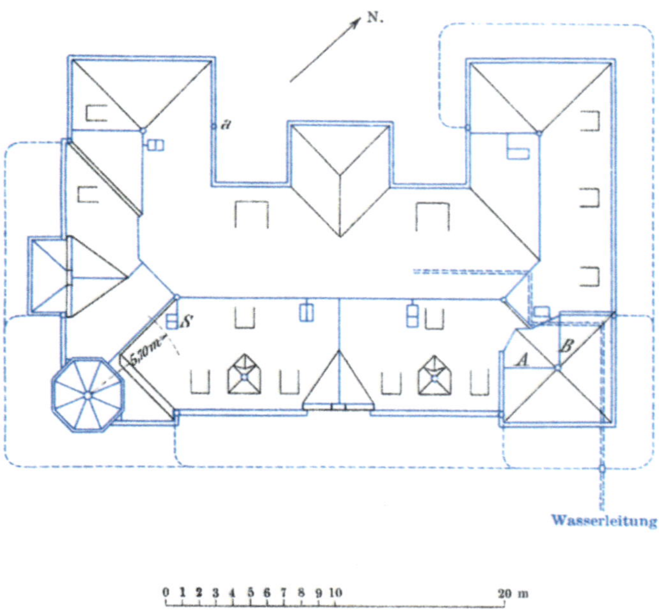

Verlag von Julius Springer in Berlin.

Fig. 1.

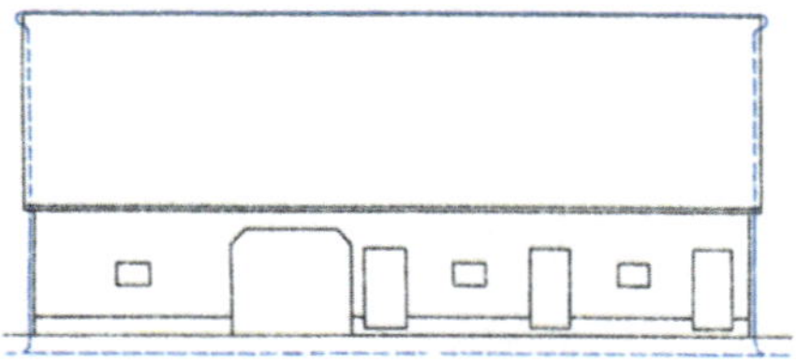

Fig. 2.

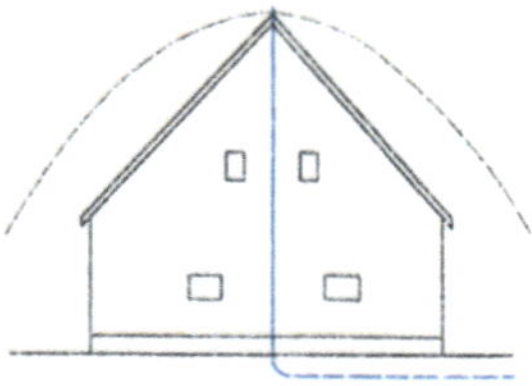

Fig. 3.

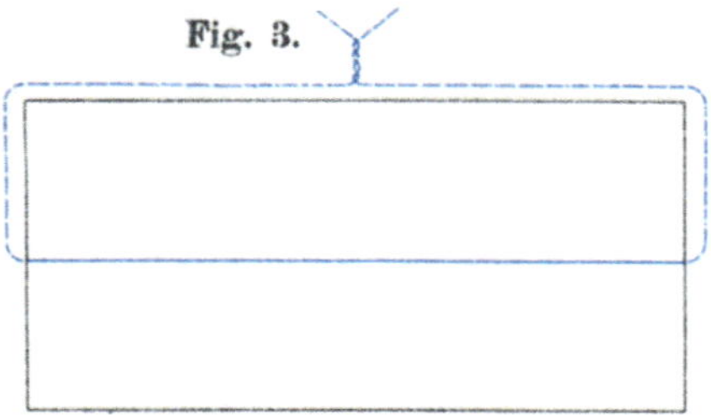

Fig. 5.

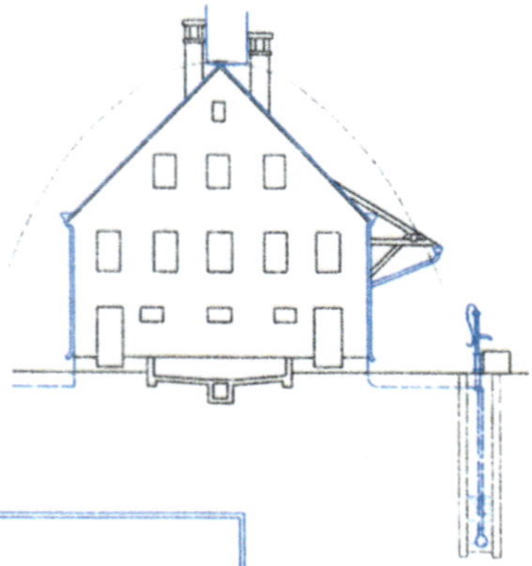

Fig. 4.

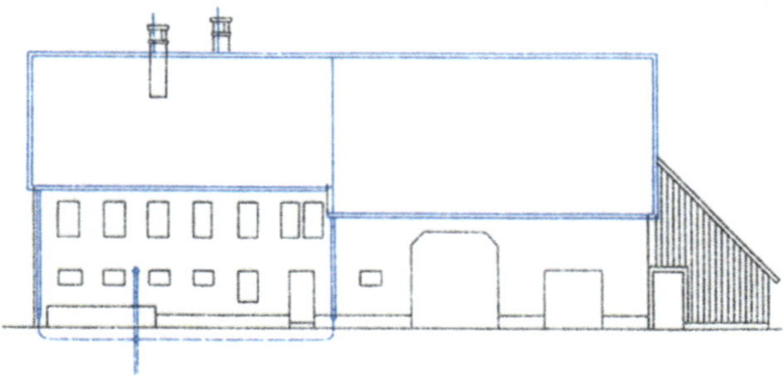

Fig. 6.

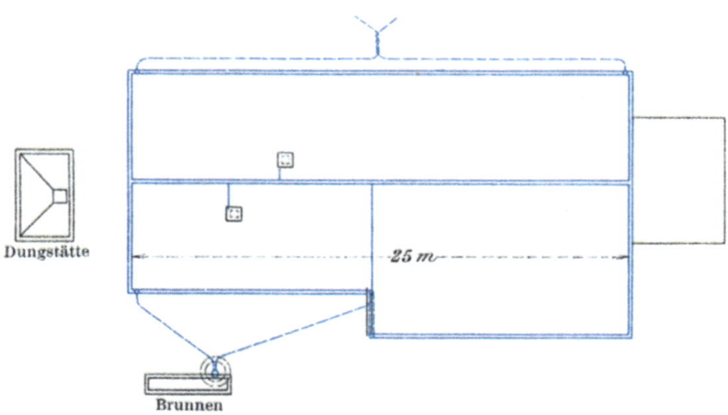

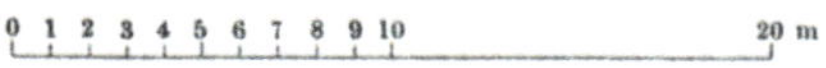

Verlag von Julius Springer in Berlin.

Fig. 1.

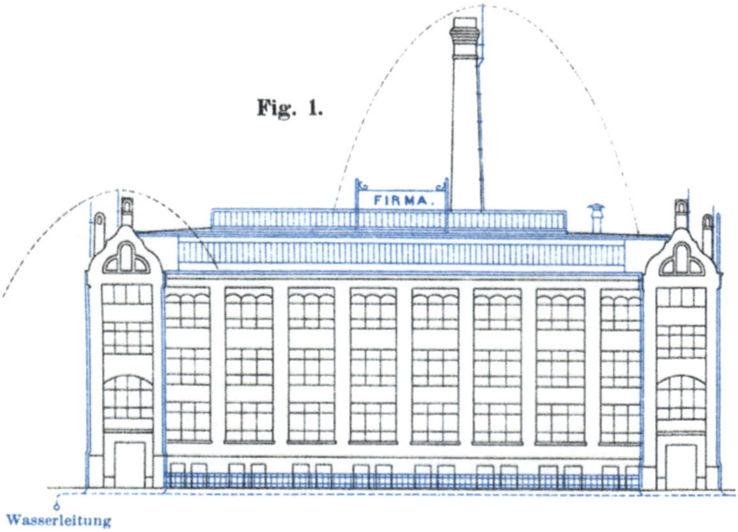

Fig. 2.

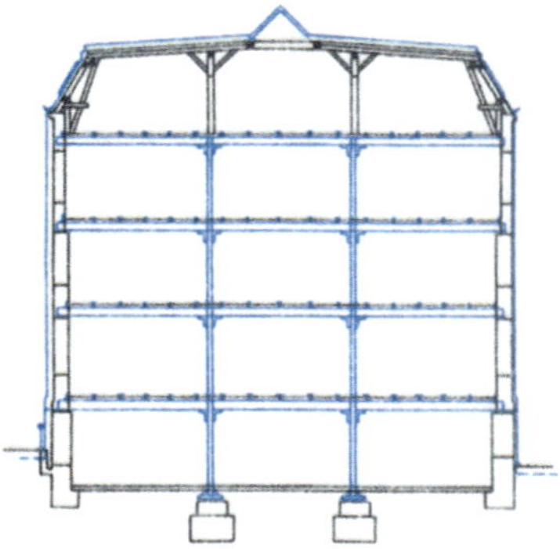

Fig. 3.

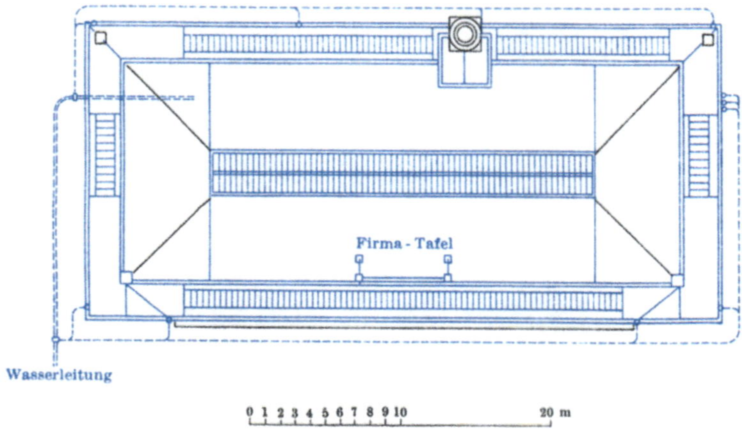

Verlag von Julius Springer in Berlin.

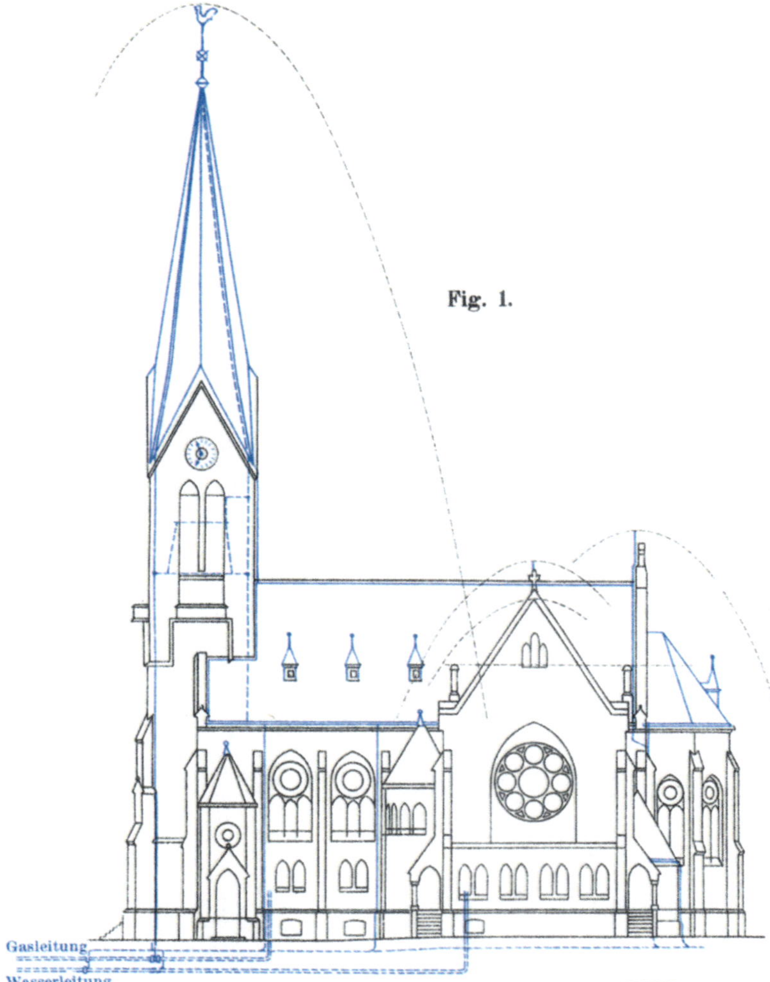

Fig. 1.

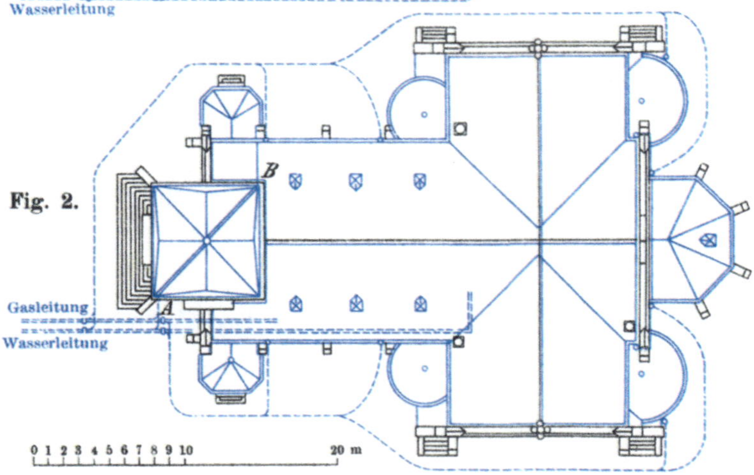

Fig. 2.

Verlag von Julius Springer in Berlin.

GPSR Compliance

The European Union's (EU) General Product Safety Regulation (GPSR) is a set of rules that requires consumer products to be safe and our obligations to ensure this.

If you have any concerns about our products, you can contact us on ProductSafety@springernature.com

In case Publisher is established outside the EU, the EU authorized representative is:

Springer Nature Customer Service Center GmbH
Europaplatz 3
69115 Heidelberg, Germany

Batch number: 10682411

Printed by Printforce, the Netherlands